花菖蒲

——资源保护与品种赏析

肖月娥　胡永红

著

科学出版社

北京

内 容 简 介

花菖蒲是指隶属于鸢尾科鸢尾属的玉蝉花原种及其园艺品种，其清新的花色和典雅的花容使它在当今园艺界大放异彩。本书是作者近 10 年来在花菖蒲园艺学与保护生物学领域的原创性研究成果。基于大量文献查阅与实地考察，本书考证了花菖蒲赏花文化与栽培历史；梳理了花菖蒲唯一原种——玉蝉花的分类地位、生物学特征与分布概况，比较了东亚不同地区间玉蝉花形态多样性；运用种群遗传学理论与方法揭示了玉蝉花种内遗传多样性与遗传结构特征；基于形态多样性与遗传多样性信息确定了玉蝉花优先保护种群，并提出了相关的保护与可持续利用策略；系统地介绍了花菖蒲主要品系特征与关系，分品系赏析品种 200 余例；概述了花菖蒲的繁育技术、应用实践和发展趋势。

本书内容详实、图文并茂，可供科研人员、园林工作者、花卉生产和经营者以及花卉爱好者参考。

图书在版编目（CIP）数据

花菖蒲：资源保护与品种赏析/肖月娥，胡永红著. —北京：科学出版社，2018.1
ISBN 978-7-03-054761-3

Ⅰ. ①花… Ⅱ. ①肖… ②胡… Ⅲ. ①多年生植物–草本植物–花卉–观赏园艺 Ⅳ. ① S68

中国版本图书馆 CIP 数据核字（2017）第 246708 号

责任编辑：陈　露
责任印制：谭宏宇／封面设计：殷　靓

科 学 出 版 社 出版

北京东黄城根北街16号
邮政编码：100717
http://www.sciencep.com

苏州越洋印刷有限公司印刷
科学出版社发行　各地新华书店经销

*

2018年 1 月第 一 版　开本：787×1092　1/16
2018年 1 月第一次印刷　印张：9 3/4
字数：250 000

定价：**128.00元**
（如有印装质量问题，我社负责调换）

前　言

　　花菖蒲指隶属于鸢尾科鸢尾属的玉蝉花（*Iris ensata* Thunb.）原种及其园艺品种。飞鸟时代的日本深受中国隋唐文化影响，中国的端午节文化传入日本，叶形相似的菖蒲与玉蝉花一并成为日本端午节节气之花，并且共用"菖蒲"两个汉字作为植物名。当后人发现天南星科的菖蒲与鸢尾科的玉蝉花存在本质区别时又将后者更名为"花菖蒲"，意即"开花的菖蒲"。室町时代，花菖蒲作为初夏时花从山野走入庭院。江户时代初期，栽培与选育花菖蒲成为大名、武士等贵族们的风雅之事。至江户中后期，随着品种大量涌现和栽培日益规模化，花菖蒲逐渐在民间得以普及，成为江户时代园艺植物的先驱。此后，"春天赏樱花""初夏赏花菖蒲"和"冬天赏梅"成为日本赏花文化的三大主题。明治维新和第二次世界大战后，日本现代育种学家又以江户时期的品种为基础进行选育，推动了花菖蒲的进一步发展。花菖蒲自江户时代开始历经 300 多年，已演化出江户系、肥后系、伊势系和长井系等多个品系，品种数已超过 5 000 个。花菖蒲清新的花色和典雅的花容使它在当今园艺界大放异彩。

　　但是，与梅花、牡丹和菊花等起源于中国的栽培植物不同，花菖蒲的改良与发展均局限于日本。受到有限的基因库影响，花菖蒲在未来短时间内花色、花型不会有较大突破，保护与注入日本群岛以外的基因库是花菖蒲发展必经之道。迄今却未有人对野生花菖蒲在整个自然分布区内的种质资源状况开展全面调查，其保育生物学相关研究也极为薄弱。

　　自 2006 年伊始，我们陆续对东亚地区花菖蒲唯一原种——玉蝉花的野生种质资源开展了广泛的调查与收集，调查结果显示玉蝉花种内蕴藏着丰富的花色、花型变异。继而，我们采用微卫星分子标记检测了东亚地区玉蝉花种群遗传结构，结果表明在中国东部天目山地区、朝鲜半岛南部–中国东北、日本群岛存在 3 个进化显著单元，天目山、长白山、朝鲜半岛南部和日本本州岛中部等地区的种群具有丰富的遗传多样性。这些地域特征明显的基因库对花菖蒲未来发展具有重要意义。玉蝉花喜生长在向阳的林缘湿地或草甸中，其原始生境正在遭到自然与人为的双重破坏。日本、韩国和俄罗斯已为玉蝉花设立专门的保护区或已将该种列入国家级保护植物名录，而在我国却未引起足够的重视。基于玉蝉花形态学与遗传多样性研究数据，我们又确立了优先保护种群，并提出了相应的保护策略。

另外，我们重点开展了花菖蒲园艺品种种质资源保存与应用研究。2006 年秋，随着上海市第二个植物园——辰山植物园建设的机会，上海植物园从日本静冈县加茂花菖蒲园引入花菖蒲品种 299 个。对引入花菖蒲品种进行了近 5 年的田间试验，广泛调查与记录所引进品种的物候、繁殖能力、生长势和病虫害发生情况，构建了本地区适应的花菖蒲综合评价体系和栽培繁殖技术体系，并逐步在北京、广西南宁、广东广州、浙江杭州、江苏常州和辽宁沈阳等地进行了推广，应用效果良好。2010 年，辰山植物园鸢尾园建成并对外开放，花菖蒲盛开时的初夏美景给游人留下了深刻的印象，也引起了同行的关注。2013 年和 2015 年，我们先后赴日本本州岛和北海道多个花菖蒲名园进行了实地考察，就花菖蒲栽培、选育与展示技术深入学习，这对于探讨花菖蒲发展现状与趋势大有裨益。目前，我们又开始了花菖蒲种质创新工作，旨在更好地促进种质资源的可持续利用。

日本学者三好友（1922）、富野耕治（1967）、栗林元二郎和平尾秀一（1971）、永田敏弘（2007）和日本花菖蒲协会（1999，2005）等所编花菖蒲专著或图鉴已有近 10 部。遗憾的是，这些专著全部为日文版，在我国难以广泛流传。1990 年，美国鸢尾协会 Currier McEwen 编著的《日本鸢尾》（*The Japanese* Iris）一书至今仍对花菖蒲的研究与应用具有重要参考价值，但是由于东西方文化差异，该专著并未对花菖蒲文化、栽培历史和品种资源展开详细论述。并且 *The Japanese* Iris 的出版至今已有 27 年之久，其内容有待更新。我国学者郭翎（2001）的《鸢尾》、赵毓棠（2005）的《鸢尾欣赏与栽培利用》及胡永红和肖月娥（2012）的《湿生鸢尾》三本鸢尾属专著中对花菖蒲进行了概述。但是，国内外尚未有关于东亚地区花菖蒲种质资源保护与利用的相关论著。

本书是作者近 10 年来在花菖蒲园艺学与保护生物学领域的原创性研究成果。基于大量文献查阅与实地考察，本书考证了花菖蒲赏花文化与栽培历史；梳理了花菖蒲唯一原种——玉蝉花的分类地位、生物学特征与分布概况，比较了东亚地区玉蝉花形态多样性；运用种群遗传学理论与方法揭示了玉蝉花种内遗传多样性与遗传结构特征；基于形态多样性与遗传多样性信息确定了玉蝉花优先保护种群，并提出了该种保护与可持续利用策略；

系统地介绍了花菖蒲主要品系特征与关系，赏析品种 200 余例；概述了花菖蒲的栽培与育种技术、应用实践和发展趋势。期待本书的出版能为广大科研工作者、园林工作者、花卉生产者和花卉爱好者提供参考与技术支撑。

本书策划于 2015 年夏天，在撰写过程中，得到了多位专家、同行及友人的帮助。东北师范大学赵毓棠教授生前为我们有关花菖蒲的研究提供了悉心指导。美国鸢尾协会 James Waddick 教授、日本东京大学 Jin Muratu 教授、俄罗斯科马罗夫植物研究所 Nina Alexeeva 教授、韩国国立木浦大学 Kim Hui 副教授、华东师范大学陈小勇教授、东北师范大学孙明洲博士、沈阳农业大学毕晓颖副教授、浙江农林大学叶喜阳高工、佳木斯大学程海涛副教授和浙江山野华国军老师等在玉蝉花信息收集与野外调查中提供了无私帮助。华国军、周鑱、安海成、彭鹏和葛冰杰为本书提供了部分野生玉蝉花、溪荪与燕子花的精美照片。莫海波提供了辰山植物园花菖蒲园的照片。上海辰山植物园黄卫昌、周翔宇、王正伟、肖迪、蒋凯、田旗、葛斌杰和蒋云等，上海植物园奉树成、毕庆泗、胡真、张亚利和于凤扬等领导和同事在花菖蒲引种与研究工作中给予了大力支持。周百黎女士在花菖蒲赏花文化与发展史的考证上为我们做了大量工作。同时要感谢上海市绿化和市容管理局、上海辰山植物园、上海植物园和科学出版社的鼎力支持，才使本书得以付梓刊行。本书获得上海市科学委员会科研项目"鸢尾属与白及属种质资源遗传多样性评价与新种质创制"（编号 16391900200）的资助。对于所有给予过帮助的人谨致以诚挚的谢意！本书可能存在不足之处，请广大专家和读者予以批评指正。

联系人：肖月娥，E-mail：xiaoyuee@live.cn。

著者

2017 年 10 月 15 日

目　录

第一章

花菖蒲语源与发展史

花菖蒲在日本距今已有 500 多年的栽培历史。飞鸟时代，中国的端午节文化传入日本，作为端午节时令花卉的玉蝉花（野生花菖蒲）逐渐与叶形相似的"菖蒲"发生了关联，两者共用"菖蒲"两个汉字为植物名。当后人发现玉蝉花与菖蒲之间的本质区别时，又将前者改称为"花菖蒲"以示区别。室町时代，野生花菖蒲从山野进入了庭院。进入江户时代后，贵族们开始栽培、选育花菖蒲。至江户时代后期，清新、奇特的花菖蒲又受到了大众的热捧，并逐渐在平民间得以普及，花菖蒲的发展达到顶峰，成为江户时代园艺植物的先驱。此后，"春天赏樱花""初夏赏花菖蒲"和"冬天赏梅"成为日本赏花文化的三大主题。明治维新和第二次世界大战后，日本现代育种学家又以江户时期的品种为基础进行选育，推动了花菖蒲的进一步发展。现在，这类美丽的鸢尾属植物已经在世界园艺中心大放异彩。

第一节　花菖蒲语源

花菖蒲是对隶属于鸢尾科（Iridaceae）鸢尾属（*Iris* L.）玉蝉花（*Iris ensata* Thunb.）原种及其园艺品种的总称。由于花菖蒲绝大部分品种选育于日本，国际上又将这类鸢尾称为日本鸢尾（Japanese Irises，通常缩写为 JI）。欧美国家有时将燕子花（*I. laevigata* Fisch.）选育获得的品种或玉蝉花与燕子花之间的杂交品种也归入日本鸢尾中（Austin，2005）。

古代从中国传入日本的五大节日习俗（五节句），在日本都会使用时令植物来庆祝。中国崇尚偶数，如果日期里的日月都是奇数则认为阴气盛生，历书上在奇数重叠的日子里有驱邪的仪式。一月初七人日，食用七草粥；三月初三上巳节，装饰人偶、供奉艾草年糕以驱除秽气；五月初五端午节，用菖蒲挂饰屋顶以驱邪；七月初七七夕节，设立青竹短册；九月初九重阳节，则用棉布沾菊花汤擦洗身体以祈求长寿。这五大节日在江户时代被幕府定为正式的节日，从大名、武士到一般民众，无论大人或小孩都会参与。明治六年（1873年），因为采用了新的太阳历五大节日被废止，并设置了代替的节日。至今，日本这几个节日还存在，只是现在按照阳历来庆祝这些节日。

在日本，花菖蒲最早被称为 ayame，关于该语源有以下几种说法（加茂元照，1997）。第一种说法与花菖蒲花或叶的形态有关。日语中"aya"的意思是鲜艳，"me"的意思是眼睛，因此 ayame 意即"鲜艳的眼睛"。花菖蒲外轮花被片基部有一枚鲜艳的黄色花斑，日本古人富有诗意地将花斑比作人的眼睛，想象自己来到一片花菖蒲盛开的地方时会有一种被人注视着的神秘感。而《大言海》中提到 ayame 的意思是"文目"，意即"条纹"。远远望去花菖蒲的叶片的确像一束束美丽的条纹。还有一种说法是奈良时代从中国来的汉女（或称女史）在朝廷里被称为 ayame，后来人们把这些女子在端午节供奉的菖蒲也称为 ayame。这些汉女喜欢强调眼角的妆容，人们又把"花瓣上具有眼睛"的植物称为 ayame，因此溪荪（*I. sanguinea* Hornem. ex Donn.）在日语中也被称为 ayame。不过鉴于在汉女东渡之前就有了 ayame 一说，该说法的正确性仍需考证。

奈良时代，人们将菖蒲用于端午节仪式以驱邪去厄，朝廷将这种植物沿袭了中国的汉字"菖蒲"（读作 shoubu）。日本古人原本知道花瓣上具有美丽的"眼睛"、花色如烟火般烂漫的 ayame（花菖蒲），但当朝廷命令供奉"生长于水边，具有剑一般叶片灵验的植物"（菖蒲）时，人们却将这两种植物混淆了。当时的日本并未有文字，花菖蒲仅有读音 ayame，因此与菖蒲叶形相似花菖蒲也被赋予"菖蒲"这两个汉字作为植物名称。这使得花菖蒲有了 ayame（训读）和 shoubu（音读）两个读音。当后人发现天南星科的菖蒲（*Acorus calamus* L.）与鸢尾科的花菖蒲存在本质区别时又将后者称为"花菖蒲"（读作 Hanashoubu），意即开花的菖蒲。

可见，花菖蒲改良、发展至今的本源与飞鸟时代从中国传入的端午节辟邪除厄的菖蒲文化息息相关，这些文化渊源都包含在"花菖蒲"三个汉字中（加茂元照，1997）。在日本，通常仍用汉字"花菖蒲"而极少用片假名ハナショウブ来表示这类美丽的鸢尾属植物（永田敏弘，2007）。

第二节　花菖蒲发展史

一、江户时代前

带来稻谷丰收的稻田一直是日本人的心灵故乡，在这种环境中生长的花菖蒲自古以来就受到人们的喜爱（永田敏弘，2007）。日本古代并没有正式的农耕日历，人们只能依赖植物物候来指导农耕。樱花盛开时，他们停止打猎、开始播种。而花菖蒲盛开时恰逢雨季，人们又开始栽秧。当时的农民可能还会将田野间的野生花菖蒲移栽至田埂。现在，在青森县和秋田县部分地区当地人将花菖蒲称为 sotome，大约来自于"早乙女"（意为栽秧女）的读音，推测与花菖蒲花开是栽秧时节的物候标志有关。因此，早期的花菖蒲栽培与日本稻作文化息息相关（加茂元照，1997）。但由于缺乏文献资料记载，花菖蒲人工栽培与驯化的确切时间无从考证。

日本古籍中较少有关于花菖蒲的记载。《万叶集》(710~794 年) 里仅有一首和歌中出现了一种名为"花胜见"的植物，这种生长在水边的植物会开出美丽的花朵，后人推测这可能是花菖蒲的另一个名字。随着端午节习俗传入日本，用于辟邪安神的菖蒲成为端午节文化的代表植物。而隶属于鸢尾科鸢尾属的花菖蒲与燕子花（日文又称杜若）则是当时端午节的时令花卉，两者混用至今。歌人大伴家持（公元 718~785 年）在其和歌中提及了端午节人们穿着以燕子花汁液染布制成的衣服进行狩猎的场景，这是因为当时的人们认为燕子花染布后的青色可"被除邪气"。

平安时代 (794~1192 年)，人们沿袭来自中国的端午节习俗，菖蒲在端午节仍然不可或缺，一些文学作品也偶然会提及花菖蒲。平安时代著名歌人清少纳言（966~1025 年）在其美文集中《枕子草·节日》中提到五月节皇室与平民在屋檐下插菖蒲的习俗，王公贵族还会在端午节这一天在彼此往来的书信中夹带菖蒲、用与花菖蒲同色的封纸包扎的趣事。平安时代末期，慈円（慈镇）（1155~1225 年）编著的《拾玉集》中有一首和歌描写了野生的花菖蒲：野泽边 / 雨初晴 / 稻谷沾满露水 / 在屋檐下摇曳的 / 是花菖蒲。端午节正值梅雨时节，这首诗描绘了屋檐下悬挂的菖蒲叶很像花菖蒲盛开的情景。

室町时代，日本最为古老的花道专集《仙传抄》（具体时间不详）已记载了花菖蒲用作插花材料，反映了当时人们朴素、雅致的古典审美意识。室町时代末期，一条兼良（1402~1481 年）在其所著的《尺素往来》一书中记载了约 80 种庭院栽培植物，而花菖蒲被列入夏花系列，由此可见花菖蒲距今已有 500 多年的栽培历史。书中提到今东京地区一位领主派其家臣赴宫城县阿萨卡湿地收集花菖蒲的事迹。后人对本州岛北部湿地调查后发现生长于这些湿地中的花菖蒲花色非常丰富，而这些花色变异个体正是花菖蒲品种选育的基础。

二、江户时代

(一) 花菖蒲发展黎明期

江户时代 (1603~1867 年)，家康、秀忠和家光三代将军都喜好花卉，他们手下的大名、武士也都纷纷仿效。日本全国甚至海外的名花都汇集于江户，江户也因此成为世界上少有的园艺之都。大名们将来自各地不同花色、花型的花菖蒲栽植于庭院，并开始了对花菖蒲的选育。1671年，尾张德川藩主光友领受了22.9公顷的山庄，他在这个庄园里建造了专门的花菖蒲园。随着新兴大都市江户文化的流通，栽种植物的文人和专门售卖植物的店铺也活跃起来。

1681年，水野元胜编写的日本第一本园艺学专著《花坛纲目》问世，书中按照花色对花菖蒲进行了分类，并简单介绍了花菖蒲的栽培方法。1689年，诗人松尾芭蕉记载了自己在福岛县询问当地人"花胜见"是什么植物却不得回答的经历，这也暗示着当时的人们已开始寻求花卉详细的名字。江户中期开始出现带有图片的地锦抄，其中就有散见的花菖蒲图谱。1695年，伊藤伊兵卫发行了《花坛地锦抄》，在书的开头他提到了同一花卉在各地叫法却不同的现象："菖蒲、花胜见的样子少有人知道，多数人只知千草万花的名字却不知其样子。"他在《花坛地锦抄》一书中记载了8个花菖蒲品种。至1710年，伊藤伊兵卫四世（政武）所编著的《增补地锦抄》一书中花菖蒲品种已增至32种，此时开始出现大花型或花色各异的品种。1733年，政武又在其著作《地锦抄附录》中做出了花菖蒲的线描图（图1-1）。

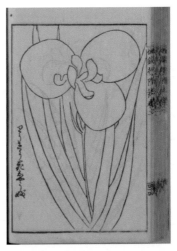

图1-1 《增补地锦抄》[伊藤伊兵卫四世（政武），1710，现藏于日本国立国会图书馆]

1789年，《花形帐》记载了江户早期至中期主要的园艺植物，其中包括29种花菖蒲。遗憾的是该书只有花菖蒲品种名录，却并未对品种的花容进行描述。在《绘本野山草》一书中提到花菖蒲种数已经达到数百种，品种之多难以一一描述。这些品种很有可能是野生花菖蒲集中栽植后经自然杂交产生的变异。

1822年，松平定信在其所作的《众芳园草木画谱》中记载了其私人庭院浴恩园中栽植的45种花菖蒲，这是第一本的彩色花菖蒲图鉴（图1-2）。这些花菖蒲大多无品种名，从形态上判断大部分品种为长井古种（见第三章）或在此基础上发展起来的品种。这本画

图 1-2 《众芳园草木画谱》(松平定信，1822，现藏于日本天理图书馆)

谱极为写实，花菖蒲花色和式样已非常丰富，出现了白底具紫红色喷点和白底具紫色脉纹的重瓣品种。《众芳园草木画谱》还绘制了菊和松等，对后人研究当时的园艺植物具有重要的参考价值。以上品种可称为江户前期品种群。现在江户前期品种群与现代花菖蒲之间的关系并未明确（清水弘，2013）。

（二）花菖蒲发展高峰期

真正将花菖蒲推上发展巅峰的人是左金吾松平定朝（1773~1856 年）。他出生于江户，自幼跟随父亲栽植各类花草，花菖蒲就是其一。在位于江户麻布樱田町的邸宅中，左金吾松平定朝进行了近 60 年的花菖蒲选育，获得花菖蒲品种 300 余种，这

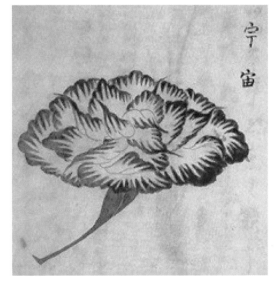

图 1-3 《花菖蒲培养录》(松平定朝，1853) 中的'宇宙'

些品种一一记载在《花菖蒲花铭》(1856 年) 和《菖花谱》中 (年代不详)。天保年间，他选育获得了第一个八重花型的花菖蒲品种——'宇宙'(图 1-3)。在其晚年编著的《花菖蒲培养录》一书中详尽地介绍了各个花菖蒲品种和栽培方法，该书作为花菖蒲的圣典被保存于日本国立国会图书馆。自左金吾松平定朝的加入，花菖蒲品种日益丰富起来，花型也发生了飞跃式的发展。左金吾松平定朝作为花菖蒲中兴之祖，他让花菖蒲的花色、花型在江户后期的 20 年发展到与今日没有太大区别，因此他被世人尊称为菖翁。菖翁过世

后，其后人将他遗留下来的花菖蒲品种卖给了小高园。菖翁家的这些传世品种被称为菖翁花，现有'宇宙''霓裳羽衣''昇龙'和'连城之璧'等20个品种得以保留（永田敏弘，1997）。

小高园的园主小高伊左卫门及其后代也非常喜爱花菖蒲，他组织专人赴全国各地收集的花菖蒲品种数达200个，其中不乏奇特的花形，'麒麟角'和'泉川'两个花菖蒲名品更使得该园名声大噪。崛切地区另一花菖蒲园——武藏园收集了很多菖翁名品。不久，这两个花菖蒲园均面向普通百姓开放，花菖蒲美丽而又奇特的花朵吸引了人们的视线。当时浮世绘名家歌川广重作有《名所江户百景》《东京三十六景》《江户名所四十八景》等画作对这两个花菖蒲园进行了描绘。从《名胜江户百景——堀切菖蒲园》（歌川广重，1857年）这幅画作来看，在崛切园的中心位置有一座凉亭和三棵高大的松树，左侧的假山则可供游人登高俯视整个花菖蒲园。园区道路和栈桥的位置较高，而花菖蒲展示区的位置则较低，这样游人俯首即可欣赏花菖蒲之美。在《堀切菖蒲花盛图》（三代歌川丰国，1859年）这一画作描绘了多名优雅的贵族女子身着盛装前来花菖蒲园赏花的景致（图1-4）。由于人们从高处赏花的习惯促进了对平开型花菖蒲的选育，一个独特的品种群也逐渐形成。这类花菖蒲以东京地区的旧称江户命名，即江户系（英文名为 Edo type 或 Edo group）。

在江户花菖蒲的基础上，人们又选育了专供贵族欣赏的肥后系（英文名为 Higo type 或 Higo group）和伊势系（英文名为 Ise type 或 Ise group）。肥后地区（今熊本县）的花菖蒲最早来自菖翁，最初由一个名为花连的武士团体管理，后由该团体对花菖蒲进一步改良。除花菖蒲外，花连还培育椿、芍药、菊花、朝颜花和山茶，即有名的"肥后六花"。

图1-4　堀切菖蒲花盛图（三代歌川丰国，1859年）

他们认为这是武士的特权，也是一种修行，可以算作武艺的衍生。为了防止品种流失，品种被秘藏起来，并制定了严格的规定。直到1930年，英国布鲁克林植物园的约翰里德博士夫妇访日，肥后地区这些华美、高贵的花菖蒲才第一次显露在人们视线里。

菖翁赠送的品种本来是江户系，花型为平开或上托。在花菖蒲开花时节，熊本地区通常会遭遇暴雨，因此人们开始将花菖蒲盆栽后移至室内观赏。与此同时，一些与花菖蒲室内展示相关的规矩也逐渐形成。首先，这种室内展示方式对容器规格和植株大小有严格的要求：盆栽所用容器直径为24 cm，花菖蒲高度为90 cm。在布展时，主人会在房间主墙一侧放置金色的屏风，然后在屏风前摆放7或9盆花菖蒲，并在壁龛中插上1~2朵花菖蒲。壁龛蕴含着丰富的日本文化因素，是具有精神意义的神圣空间。日本人会在壁龛中装饰插花和山水画挂轴，将自然美景浓缩于此。谦逊的主人会将壁龛中的插花和靠墙的中心位置用于展示客人的作品。在欣赏花菖蒲时，所有人全程保持安静，挺直身子席地而坐，并向花菖蒲微微低头表示对花的尊重。之后，人们会站起来观看柱头的形态与大小，他们相信花菖蒲的灵魂就藏在花的中央即柱头上，并认为健壮的柱头如同人们坚强的内心。欣赏完毕后，客人们会与主人交流所展示的花菖蒲花型、花色及栽培注意事项等，但不能对品种优劣进行评比，否则有失礼仪。这是因为他们认为每个花菖蒲品种都独具个性和美德而应该受到尊重。肥后地区的花菖蒲品种选育也逐渐朝着适合室内观赏的方向发展。人们欣赏盆栽花菖蒲习惯是从侧面观赏而不是俯视，那些花被片与柱头下垂形如富士山的品种备受推崇。进入昭和时代（1926年）肥后地区的花菖蒲开始普及，这时也就有了江户系和肥后系的区别，后者是按照熊本县的旧称而命名。肥后系花菖蒲豪华绚烂的花容广受育种者和普通爱好者的喜爱。

江户时代后期，纪州藩士吉井定五郎（1776~1859年）在伊势松坂开始栽培而后发扬光大的一类花菖蒲，这类花菖蒲被称为伊势花菖蒲。花菖蒲以首都为中心向各地流行开来，肥后系很明显是在江户系基础上发展而来的。伊势系在某种程度上也与江户系有关，但至今未找到明确的记录。一般认为是吉井定五郎利用别人赠送的花菖蒲通过实生苗选育获得。吉井定五郎去世后，其子吉井吉之丞继承了他的衣钵，此后又传给松坂地区的野口才吉、长林坚三郎、服部荣次郎、津之井谦次郎和吉川万吉等。20世纪初，伊势系花菖蒲常用于一种被称为"伊势展"的庆典活动中。在该仪式中，3排总共27盆花菖蒲被整齐地摆放于一个屏风前，每盆花或叶的高度保持一致，并用另一屏风将花盆遮挡。由于观赏者偏好那些花瓣足够低垂的品种。受到这个观赏需求的影响，伊势系较肥后系更为矮小，植株高70~90 cm，花型以三英花型居多，花瓣质地较薄、先端下垂。柱头顶端呈鸡冠状，和旗瓣一起挺立于花的中心位置，姿态优美。

此外，建于明治四十三年（1910年）的山形县长井花菖蒲园中保存了大量的长井古种，这可能是花菖蒲野生种收集的一个例子。长井古种花瓣狭窄、花型简洁，有人认为其出现时间甚至早于江户系，但这种说法缺乏文献佐证。清水弘（2007）认为经过几百年的选育，花菖蒲的花色并未超越野生种的固有花色。至昭和时代，人们又以长井古种为基础选育获得了一个独特的品种群，即长井系（英文名为 Nagai type 或 Nagai group）。长井系品种花瓣狭窄、花型简洁，但花色或花样式变化较大。近一半长井系品种的花色或花样式与江户系品种相似，而花型和花大小则介于野生种与江户系之间。极个别长井系品种花型与其他品系完全不同，如'鹰爪'。可见，花菖蒲的发展历史与其展示形式密切相关。自江户时代开始，日本各地根据不同的审美需求对花菖蒲进行改良，因此不同的花菖蒲品系具有鲜明的地域特色。

自飞鸟时代起，随着中国隋唐的端午节文化传入日本，花菖蒲作为五月时令花卉逐渐与"菖蒲"两个汉字发生了联系，但是由于中日文化差异花菖蒲已逐渐演变成独具日本赏花文化特色的植物。"花菖蒲"三个汉字明确表现出以端午节菖蒲文化为基点发展出的历史风貌。在以王朝为重心的平安时代和以崇佛礼法的室町时代，花菖蒲（有时将燕子花混用）和菖蒲作为端午节气供花和初夏时令花卉，反映了当时人们素雅的古典审美意识。而在江户时代，人们的审美意识又悄然发生了转变。江户时代的人文精神，读作"意气"，写作"粹"或者"通"，江户人被称"粹人"或"通人"。通的字面意思是"通晓""洞明"，通人则是"擅长或精通某项事务之人"，引申为"那些懂得生活、富有情趣之人"。诗人松尾芭蕉（1644~1694 年）就写到"西行的和歌、宗祇的连歌、雪舟的绘画和利休的茶道都贯通了'粹'的艺术"。整个德川时代江户地区乃至全国极力追求这种粹（极致）的精神。江户之粹是在反抗德川幕府 200 年的闭关锁国政策下出现的美学产物。人们从过去厚重的武士铠甲中挣脱出来，转而崇尚自由不羁的生活方式。作为一类在江户时代迅速发展的园艺植物，花菖蒲花容和色彩也渗透了同样的美学意识与时代精神。他们偏好于那些奇特而又别致、华丽而又简朴之花，可长时间欣赏花菖蒲而不知疲倦，并从中发现美。花菖蒲花朵上浮现出的江户"粹"与"通"的美学意识，直至今日依然存留不灭。在这小小的花和植株上，体现出日本人特有的感性与美学造诣。

三、近现代

时代发展中的堀切花菖蒲园持续繁荣，打开锁国大门的日本也开始向海外出口植物。明治二十三年（1890 年），横滨植木商会（现横滨植木）成立，该公司主要向美国出口花菖蒲、百合、牡丹和果树等。大正时代，神奈川县农业试验场（现在的大船植物园）开始以出口为目的在江户系的基础上进行品种改良，选育获得的品系被称为大船系（英文 Ohuna type 或 Ohuna group）。1915~1921 年，大船植物园宫泽文吾博士培养出近 80 个大船系品种，其代表品种有'荒矶'和'羽衣绞'（图1-5）。但这些品种引种至国外后由于常年连作和严重的传染性病害现已难觅踪迹。直到20世纪初，才有少数大船系品种被育种学家得以保存下来，并已成为大船植物园重要文化遗产。1923年，西田信常在横滨开设了众芳园，开始对外销售肥后花菖蒲，其豪华、高贵的花容让关东地区的人心醉神迷。1930年，随着关注与参与花菖蒲事业的人日益增多，日本花菖蒲协会成立。

图1-5　宫泽文吾博士培育的荒矶（1915年）和羽衣绞（1921年）

　　第二次世界大战中许多花菖蒲珍品都被毁于一旦，一些花菖蒲生产苗圃和花菖蒲园都被迫停业。第二次世界大战结束后，伊藤东一、平尾秀一、光田义男、富野耕治和前田义武等育种学家开始引领风骚。光田义男和平尾秀一两人将西田众芳园和广岛精兴园的品种不断进行杂交。随着日本经济的迅猛发展，光田义男和平尾秀一培育的大花、豪华型肥后系品种成为了花菖蒲主流，尤其是平尾秀一选育的'扇舞''业平'和'千鸟'等品种随着生产与销售在各地广为流传。而伊藤东一和吉江清郎等主要培育江户系品种。吉江清郎以大船系为基础选育获得了一个极早花型品系以满足新历5月5日端午节之需，这个品系被称为吉江系（英文名Yoshie type或Yoshie group）。富野耕治和前田义武等则主要培育伊势系品种。佐藤文治还培育出了品系间杂交品种。与此同时，加茂花菖蒲园和长井花菖蒲园等成为了二战后主要的花菖蒲选育、生产、经营与展示园。至昭和时代末期（约1980年），美国的育种学家以江户系为基础进行选育，获得了一些花大、色艳的品种，统称为外国系或美国系。

　　20世纪80年代后，光田义男选育出了开深桃红色花的肥后系品种，加茂花菖蒲园则选育出了深紫色、白色覆轮的品种及花菖蒲与黄花菖蒲杂交种，这些品种使花菖蒲的花色更加丰富、绚丽。与此同时，江户时代以来的古花品种也被重新发现并获得保护。

第二章

花菖蒲野生种质资源保护

隶属于鸢尾科（Iridaceae）鸢尾属（*Iris* L.）的玉蝉花（*Iris ensata* Thunb.）是所有花菖蒲品种的唯一亲本，该种的重要性显而易见。尽管如此，人们对玉蝉花的了解却并不多，甚至常将该种与其他鸢尾属植物相混淆。本章概述了玉蝉花分类地位和形态学基本特征，并重点介绍了东亚地区野生玉蝉花形态多样性和遗传多样性。最后基于以上信息，我们针对花菖蒲野生种质资源的保护与可持续利用提出了建议。

第一节　玉蝉花分类地位

全世界鸢尾属植物总计 260~300 种，其中大部分分布于欧亚大陆和北美地区的北半球温带地区，仅有 4 个种分布于北非地区（Wilson，2011）。鸢尾属可分为 6 个亚属，即有髯鸢尾亚属 subg. *Iris* (Lawre) Mathew、无髯鸢尾亚属 subg. *Limniris* (Tausch) Spach、尼泊尔鸢尾亚属 subg. *Nepalensis* (Dykes) Lawr.、西班牙鸢尾亚属 subg. *Xiphium* (Miller) Spach、西西里鸢尾亚属 subg. *Scorpiris* Spach 和网脉鸢尾亚属 subg. *Hermodactyloides* Spach（Mathew，1981）。

关于花菖蒲的杂交亲本一直存在争议。20 世纪初期，多数人认为花菖蒲是由玉蝉花与燕子花杂交获得，也有人认为这两个种实质上是同一个种的不同变型。直到 20 世纪 80 年代，有研究证实玉蝉花是花菖蒲唯一的亲本，人们才逐渐统一观点（Kuribayashi and Hirao，1970；Davidson，1980）。无髯鸢尾亚属总计包括 16 个系，而玉蝉花隶属于其中的燕子花系 series *Leavigatae* (Diels) G. H. M. Lawr.（Mathew，1981）（表 2-1）。除玉蝉花外，燕子花系还包括燕子花、黄菖蒲（*I. pseudacorus* L.）、乌苏里鸢尾（*I. maackii* Maxim.）、变色鸢尾（*I. versicolor* L.）和维吉尼亚鸢尾（*I. virginica* L.）等其他 5 个种（Lawrence，1953；Mathew，1981）。基于叶绿体基因数据，鸢尾属分子系统学研究结果显示燕子花、黄菖蒲和维吉尼亚鸢尾为玉蝉花的姊妹种（Wilson，2009，2011）。但在形态学分类系统中隶属于 series *Tripetalae* (Diels) 的两个种（山鸢尾 *I. setosa* Pallas ex Link. 和 *I. tridentat* Pursh.）和隶属于西伯利亚鸢尾系 series *Sibiricae* (Diels) G. H. M. Lawr. 的西伯利亚鸢尾（*I. sibirica* L.）也与玉蝉花聚为同一单系，该结果暗示着这些鸢尾属植物亲缘关系较近（Wilson，2009，2011）。

早期，欧美国家一直采用 von Siebold 命名的 *Iris kaempferi* 作为玉蝉花的学名，但后来发现该种在 1794 年就已被 Thunberg 命名为 *Iris ensata*（Ouweneel，1968）。故现在植物学界普遍采用首次命名的名称 *Iris ensata* 作为玉蝉花的学名，*Iris kaempferi* 则被摒弃。在形态分类上还有人误将马蔺（*I. lactea* Pallas.）定名为 *Iris ensata*，并将 *Iris ensata* 用作无髯鸢尾亚属 series *Ensatae*（Diels）G. H. M. Lawr. 的学名。而实际上 series *Ensatae* 为仅有马蔺一个种的单种系。另外，欧美国家将花菖蒲称为日本鸢尾（Japanese Irises），而蝴蝶花（*I. japonica* Thunb.）又称日本鸢尾，因此人们又常将这两者混淆。

表 2-1　鸢尾属分类系统

subg. *Iris* (Lawre) Mathew
 section *Iris* (Larwre) Mathew
 section *Psammiris* (Spach) J. Taylor
 section *Oncocylus* (Siemssen) Baker
 section *Regelia* Lynch
 section *Hexapogon* (Bunge) Baker
 section *Pseudoregelia* (Dykes) Lawr.

subg. *Limniris* (Tausch) Spach
 section *Lophiris* Mathew
 section *Limniris* Tausch

series *Californicae* (Diels) G. H. M. Lawr.	series *Chinenses* (Diels) G. H. M. Lawr.
series *Ensatae* (Diels) G. H. M. Lawr.	series *Foetidissimae* (Diels) B. Mathew
series *Hexagonae* (Diels) G. H. M. Lawr.	series *Laevigatae* (Diels) G. H. M. Lawr.
series *Longipetalae* (Diels) G. H. M. Lawr.	series *Prismaticae* (Small) G. H. M. Lawr.
series *Ruthenicae* (Diels) G. H. M. Lawr.	series *Sibiricae* (Diels) G. H. M. Lawr.
series *Spuriae* (Diels) G. H. M. Lawr.	series *Syriacae* (Diels) G. H. M. Lawr.
series *Tenuifoliae* (Diels)	series *Tripetalae* (Diels) G. H. M. Lawr.
series *Unguiculares* (Diels) G. H. M. Lawr.	series *Vernae* (Diels) G. H. M. Lawr.

subg. *Nepalensis* (Dykes) Lawr.
subg. *Xiphium* (Miller) Spach
subg. *Scorpiris* Spach
subg. *Hermodactyloides* Spach

<h1 align="center">第二节　玉蝉花形态学特征</h1>

玉蝉花的形态学基本特征见表 2-2 和图 2-1。玉蝉花根状茎粗壮、斜伸，外包有棕褐

色叶鞘残留的纤维。叶片条形，长 30~80 cm，宽 0.8~2.5 cm，主叶脉明显。实心的花茎高 40~100 cm，有 1~3 枚茎生叶；革质、披针形苞片 3 枚，长 4.5~7.5 cm，宽 0.8~1.2 cm，内含 2 朵花，少见 3 或 4 朵；花常见紫红色、蓝紫色和紫色，少见粉色、茶色和白色，直径 5~18 cm。花梗长 1.5~3.5 cm；花被管漏斗形，长 1.5~2 cm；外轮花被片倒卵形，长 7~8.5 cm，宽 3~3.5 cm，中脉上有黄色花斑，内轮花被片裂片小，直立，披针形或宽条形，长约 5 cm，宽 5~6 cm；雄蕊长约 3.5 cm，花药黄色。紫色的花柱分枝扁平，长约 5 cm，宽 0.7~1 cm。子房圆柱形，长 1.5~2 cm，直径约 3 mm。蒴果长椭圆形，长 4.5~5.5 cm，宽 1.5~1.8 cm，顶端有短喙，6 条肋明显，棕褐色的种子扁平，边缘具翅。

表 2-2　玉蝉花形态学特征

器官或花期	特征
叶形	条形叶长 30~80 cm、宽 0.8~2.5 cm，叶片竖直向上或先端下垂
花型	多为三英花型，少见四英花型和六英花型
花容	有垂开型、平开型、基部平展而先端下垂型，少见爪型和受型
外轮花被片形态	丸形、椭圆形、细长椭圆形、菱形、基部张开形、基部内卷形、边缘波浪形、边缘锯齿形等
花直径	5~18 cm
花色	不同程度蓝紫色、紫红色和紫色，少见蓝色、茶色、粉色和白色
柱头	分枝扁平
花期	6 月上旬至 8 月上旬

注：本表格综合赵毓棠（1985）、田渊俊人（2013）和作者的观测结果。花型、花容、花被片和柱头的描述术语详见第三章

同属于鸢尾科鸢尾属的燕子花和溪荪（*I. sanguinea* Donn ex Horn.）较易与玉蝉花混淆，但是 3 种鸢尾属植物在生态习性和形态学特征上存在本质差异（表 2-3）。区分三者的关键形态学特征有叶色、叶中脉有无及花斑颜色等。例如，玉蝉花和燕子花外轮花被片基部分别有黄色和白色花斑，而溪荪外轮花被片基部有黑褐色网纹及黄色斑纹（图 2-1，图 2-2，图 2-3）。

图 2-1　玉蝉花的花、根茎、果实和种子

表 2-3　玉蝉花与其他易混淆鸢尾属植物

		玉蝉花（*I. ensata*）	溪荪（*I. sanguinea*）	燕子花（*I. laevigata*）
叶	生境	湿地或草甸	排水良好的草甸	湿地或草甸
	叶色	绿色	绿色	灰绿色
	叶形	条形	条形	剑形或宽条形
	中脉	突出	不明显	不明显
花	开花数	2朵，少见3或4朵	2朵	2~4朵
	花色	紫黑色、紫红色、蓝紫色、粉色、白色	蓝紫色、白色	蓝紫色、白色
	垂瓣基部	黄色花斑	黑褐色网纹及黄色斑纹	白色花斑
	花期	6月下旬至8月上旬	6月下旬至7月上旬	7月中下旬至8月上旬

图 2-2　溪荪的生境与花

图 2-3　燕子花的生境、花及与玉蝉花的对比

第三节　玉蝉花种质资源概况

一、玉蝉花地理分布概况

调查来自中国数字标本馆（www.cvh.org.cn）、韩国国家标本数据库（http://www.nature.go.kr）和日本国家标本数据库（http://www.kahaku.go.jp）1 000余份玉蝉花标本信息，并结合实地考察情况，绘制了玉蝉花在东亚地区的分布图（图 2-4）。玉蝉花间断分布于东亚东部的中国东部、中国东北部、俄罗斯远东地区、朝鲜半岛和日本群岛。

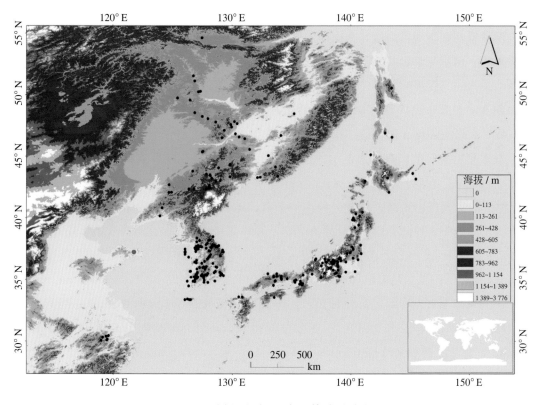

图 2-4　玉蝉花在东亚地区整体分布概况

图中黑色三角形为实际调查地信息，黑色实心圆为数字标本馆信息 (http://www.gbif.org; http://www.kahaku.
go.jp; www.cvh.org.cn; http://www.nature.go.kr)

二、玉蝉花形态多样性

玉蝉花种内花色变异较大。早期，日本植物学家三好学将深紫色和蓝紫色的玉蝉花分别命名为 *I. ensata* var. *typical* 和 *I. ensata* var. *violacea*。但随着越来越多的花色变异个体被发现，三好学的分类方法也逐渐被摈弃。目前，野生的花色或花型变异一般作园艺品种处理。自 2006~2016 年，我们对中国东部、中国东北部和日本本州岛等地区的玉蝉花种质资源开展了广泛的野外考察。总体上，玉蝉花种内蕴藏着丰富的花色和花型变异。

（1）中国东部地区

中国植物志（赵毓棠，1985）记载中国东部浙江昌化地区（天目山地区）有玉蝉花分布，但是该信息较少被欧美国家或日本的鸢尾属园艺学专著提及（如 Austin，2015；永田敏弘，2007）。在 2015 年和 2016 年的野外考察过程中，我们又在浙江省丽水市青田县发现了 3 个玉蝉花种群，这些种群的发现使得玉蝉花地理分布最南端从 30°N 移至了 28°N。

浙江省临安市天目山地区为亚热带季风气候，一年中气候季节性变化明显，其特点为冬暖夏凉，雨量充沛，相对湿度大，雨、雾、霜、雪期长。由于受山体垂直分布的影响，山麓与山顶的气候相异甚大，年平均气温山顶 8.8℃，山麓 14.8℃，历年平均日照 1 939 h，无霜期 234 天（章皖秋等，2003）。而浙江省丽水市青田县地处该省东南部，为亚热带季风气候，在海拔 800 m 以上地区，年平均气温在 14℃ 以下。

根据我们多年的调查结果显示，在浙江省发现的玉蝉花种群数不超过 10 个，包括大明山、百丈崖、天池、清凉峰、火山大石谷、太湖源、师姑湖、仰天湖和烂泥湖，其中前 6 个种群位于天目山地区，后 3 个种群位于青田地区。这些种群分布于海拔 950~1550 m 的林缘沼泽地中，种群上层无高大乔木覆盖，草本层极为发达，主要种类有大蓟（*Cirsium japonicum* Fisch. ex DC.）、落新妇 [*Astilbe chinensis* (Maxim.) Franch et Sav.]、菖蒲（*Acorus calamus* L.）、萱草（*Hemerocallis fulva* L.）、宽叶缬草（*Valeriana officinalis* var. *latifolia* Miq.）、灯芯草（*Juncus effusus* L.）、小连翘（*Hypericum erectum* Thunb.）、线叶十字兰（*Habenaria linearifolia* Benth.）、三腺金丝桃 [*Triadenum breviflorum* (Wall. ex Dyer) Y. Kimura]、宽叶泽苔草（*Caldesia grandis* Samuel.）、朱兰（*Pogonia japonica* Rchb. f.）和谷精草（*Eriocaulon buergerianum* Koern.）等。种群内存在有中国绣球（*Hydrangea chinensis* Maxim.）和野蔷薇（*Rosa multiflora* Thunb.）等少数灌木。

浙江省内的玉蝉花花期为 6 月下旬至 7 月上旬，花期植株高 80~100 cm，叶片宽 0.6~1.2 cm。花色变异较为丰富，有紫黑色、紫色、红紫色、蓝紫色、茶色和粉色。外轮花被片以长椭圆形最为常见、偶见卵形和倒卵形，长 7.5~9 cm、宽 4.5~5.5 cm。内轮花被片披针形或长条形，长 2~3 cm，宽 0.5~0.8 cm。花型以垂开型最为常见，少见平开型，垂开型与平开型的花直径分别为 7~8 cm 和 9~11 cm。

目前，浙江省境内保护最为完整、面积最大的玉蝉花种群位于清凉峰国家自然保护区的龙池，在从海拔 1 550~1 650 m 的林缘沼泽地到落叶阔叶林林缘坡地均有玉蝉花分布，总体面积超过 5 000 m²。清凉峰种群中的玉蝉花花容常见下垂型，花色多为紫色或紫黑色，也有极少数粉色花变型，该花色不同于日本地区的野生粉色花个体（图 2-5）。该种群常见三英花，极少见 4 枚外轮花被片、2 枚内轮花被片的变异。浙江省内另一个较大种群位于天目山地区龙王山保护区火山大石谷。作为世界性濒危物种安吉小鲵（*Hynobius amfiensis*）的栖息地，火山大石谷种群的保护现状良好，其所在海拔为 1 350 m，总面积约 2 000 m²。火山大石谷种群中的玉蝉花花色为紫色至紫红色、少见茶色，花容常见下垂型（图 2-6）。而分布于临安市浙西天池内的玉蝉花种群所在海拔为 1 300 m，玉蝉花零星生长于天池沿岸的潮湿沼泽地中。天池种群中的玉蝉花花色为紫色或紫

图 2-5　浙江清凉峰玉蝉花种群生境、常见花色、粉色花变型和花型变异

图2-6　浙江大目山火山大石谷玉蝉花种群生境、常见花色和花色变型

图 2-7　浙江省天目山地区天池玉蝉花种群生境、常见花色和花色变型

红色、少见蓝紫色，花型有垂开三英花型和平开三英花型（图2-7）。分布于临安太湖源镇的玉蝉花种群所在海拔为900 m，原有种群面积约5 000 m²。但随着农业耕作方式的改变，太湖源种群已被改作观赏花卉生产苗圃。2016年，我们在重返调查中发现太湖源种群再一次遭到严重破坏，原有种群被改造为房屋地基，现有残余面积约500 m²。太湖源种群中的玉蝉花花色多为深紫色、少见浅紫色（图2-8）。而青田地区的玉蝉花花色以紫色和紫红色为主，少见紫黑色个体（图2-9~2-11）。相比天目山地区，青田地区的平展型花容较多，花直径最大可达11 cm。在青田地区的仰天湖湿地中，我们还发现了开紫黑色花的个体，其外轮花被片顶端向内卷起，长约6 cm、宽约4.5 cm，花直径约6 cm。

2013年，我们在杭州市嘉泰园艺苗圃内发现了一个植株高达120~140 cm的变型，外轮花被片长椭圆形，花被片长约8 cm、宽5 cm，花直径约8 cm，花色为浅紫色（图2-12）。同年，我们还在临安市乡土植物研究所中发现一个浅紫色花变型，外轮花被片黄色花斑具有蓝紫色晕圈（图2-13）。但由于缺乏资料记载，这两种变型的具体来源无从考证。

（2）中国东北地区

考虑到玉蝉花的地理分布范围，本书所指东北地区为黑龙江、吉林、辽宁和山东。黑龙江、吉林和辽宁三省冬季低温干燥，夏季温暖湿润，无霜期130~170天，年降水量由东向西递减，东部地区年降水量达400~800 mm，而西部地区仅250~400 mm，其中一半以上降水发生在7~9月。东北地区随着纬度递减呈暖温带、温带和寒温带的热量变化，从东至西则呈湿润、半湿润和半干旱的湿度分异，森林植被则主要分布在大兴安岭、小兴安岭和长白山地区（赵国帅等，2011）。而山东半岛三面临海，属于暖温带湿润季风性气候，平均年降水量650~850 mm，地带性植被为暖温带阔叶林。

玉蝉花在吉林和黑龙江两省境内较为常见，一般生长于大兴安岭、小兴安岭和长白山地区的温带和寒温带森林的林缘沼泽地或草甸中，种群所在海拔为200~400 m。在辽宁省内，玉蝉花自然分布于该省东南部的抚顺和丹东等地的温带灌草丛或草甸中，现已发现的自然种群数不超过5个，且单个种群面积不超过200 m²。另外，《中国植物志》（赵毓棠，1985）记载玉蝉花在山东省昆嵛山也有分布，但经我们细致调查后并未证实。2014年，我们在山东荣成地区发现了一个自然分布的玉蝉花种群，该种群位于暖温带落叶阔叶林林缘湿地，所在海拔为220 m，总面积约200 m²。

在这些种群中，与玉蝉花伴生的植物种类有燕子花、萱草、朱兰、福建紫萁（*Osmunda cinnamomea* Linn. var. *fokiense* Cop.）、蓬子菜（*Galium verum* L.）、节节草（*Equisetum ramosissimum* Desf）、广布野豌豆（*Vicia cracca* L.）、水芹 [*Oenanthe javanica* (Blume) DC]、驴蹄草（*Caltha palustris* L.）和东北百合（*Lilium distichum* Nakai）等。

图 2-8　浙江天目山太湖源玉蝉花种群生境、常见花色和蓝紫色花变异

图 2-9　浙江省丽水市青田仰天湖湿地玉蝉花

图 2-10　浙江省丽水市青田县烂泥湖湿地玉蝉花

图 2-11　浙江省丽水市青田县师姑湖湿地玉蝉花

图 2-12　浙江省杭州市嘉泰园艺苗圃玉蝉花

图 2-13　浙江省临安乡土植物研究所玉蝉花

　　东北地区玉蝉花植株高 60~100 cm，植株叶片宽 0.6~1 cm。花型、花色特征以吉林省敦化市长白山地区分布的个体最为典型，花色为紫色，花型以垂开型为主、少见平开型，外轮花被片倒卵形，内轮花被片宽条形，花直径 7~9 cm（图 2-14）。东北地区玉蝉花偶见开蓝紫色和紫黑色个体，极少见粉色个体。2012 年 7 月，安海成在吉林省白山市临江市境内发现了一个粉色花变型，其外轮花被片倒卵形、质地厚实，花直径约 9 cm（图 2-15）。吉林省蛟河地区的玉蝉花则为蓝紫色，其花被片椭圆形、质地较薄，花直径约 9 cm（图 2-16）。东北地区分布的玉蝉花花型多数为下垂的三英花型，而辽宁省东南地区的玉蝉花花型则常见平开型（图2-17）。分布于山东省荣成地区的玉蝉花植株高80~100 cm，花色为深紫色，花型为垂开的三英花型，花直径约8 cm（图2-18）。

图2-14 吉林省敦化市玉蝉花

图 2-15　吉林省白山市玉
蝉花粉色花变型

图 2-16　吉林省吉林市蛟
河地区玉蝉花

（3）日本群岛

日本群岛位于亚洲东部，主要由九州、四国、本州和北海道等 4 个大岛和 3 000 多个小岛组成。日本群岛受到黑潮和亲潮等洋流的影响，海洋性气候明显，大部分地区属于温带气候，南北纬度跨越 25°，因此各地气候差异较大，可分为以下 6 个不同气候带。①北海道为温带大陆性湿润气候，降水量不大，冬长夏短。②本州岛西海岸因为对马暖流在冬季通过日本海带来大量水汽而常有暴雪，夏季降水较少，有时因焚风而引发异常高温。③本州岛中部高海拔地区

图 2-17 辽宁省丹东地区
玉蝉花

图 2-18 山东省荣成地区
玉蝉花

则为典型的内陆湿润大陆性气候,冬夏和日夜温差较大,降水量较少。④本州岛太平洋沿岸夏季受东南季风影响而梅雨强、台风多,冬季则降雪较少。⑤濑户内海地区由于山脉对季风的阻挡而降雨量较少。⑥西南诸岛夏季炎热、冬季温暖,降雨量大。由于水热条件的差异引起植被在纬度与海拔上呈现有规律的变化,日本群岛由南向北的植被类型依次为亚热带森林植被、暖温带森林植被、寒温带森林植被和亚寒带森林植被,而在垂直方向上由低地向高地植被类型依次为常绿阔叶林、落叶阔叶林、亚高山针叶林和高山灌丛草甸(何飞,2006)。

日本四分之三的土地为山地，森林植被覆盖率为68%，此为玉蝉花种质资源的保护提供了得天独厚的生态环境。除濑户内海地区和西南诸岛外，玉蝉花在整个日本群岛均有分布，主要生长于林缘沼泽地或海边湿地中（图2-19~图2-21）。自江户时代开始，育种学家就开始了对不同花色、花型变异个体的收集与选育。日本群岛玉蝉花花色、花

图 2-19 日本长野县入笠山湿地玉蝉花

图 2-20　日本富山县射水县玉蝉花

图 2-21　日本箱根县玉蝉花

型变异极为丰富。花色常见红紫色、蓝紫色和紫色，少见粉色和白色。花型常见三英花型，少见六英花型，极少见四英花型、五英花型及花被片数不定的花。据日本花菖蒲协会官方统计资料，迄今在日本各地收集到的花色或花型自然变型已超过 30 个，其中部分变型已登录为园艺品种。各地分布的野生玉蝉花种群面积不一，从十余平方米至上千平方米不等。目前，在三重县、长野县、兵库县和山形县等地均为玉蝉花设立了专门的保护区。

20世纪80年代，东田万年在青森县下北郡东通村发现了一个玉蝉花粉色花变型。之后，清水弘将之在日本花菖蒲协会登录，并命名为'北野天使'（'Kita No Tenshi'），该变型植株高50 cm，三英花型，花直径约6 cm（图2-22）。与栗林元次郎和平尾秀一在1967年发现的粉色花变异'玫瑰女王'（'Rose Queen'）相比，'北野天使'花色更纯、外轮花被片顶端略为尖锐。1996年，加茂花菖蒲园在山形县饭蜂町又发现了另一个浅粉色变型'出羽之姬君'（'Dewa No Himegimi'）（图2-23），其花色较'北野天使'浅，植株高50 cm，花直径仅5 cm。此后，育种学家陆续在日本本州岛北部和北海道又发现了开浅紫色变型'陆奥之薄红'（'Mutsu No Usubeni'）（图2-24）和'初山别'（'Shosanbe'），这两种变型植株高达100 cm，两者花大小相近（约8 cm），区别在于两者外轮花被片形态。肖月娥在长野县入笠山湿地中发现了一些紫红色花变型，其植株高40~50 cm，花直径约8 cm（图2-19左上）。

玉蝉花缺乏真正蓝色系自然变型，但近蓝紫色花变异相对丰富。这些蓝紫色花变型主要分布于静冈县、爱知县、三重县和长野县等地区海拔在800 m以上的林缘沼泽地。已登录的蓝紫色花变型有发现于三重县斋宫町的'咚咚泉水'（'Tonton Bana'）（图2-25）。清水弘将变型'咚咚泉水'进行辐射诱变后获得了浅蓝色花品种'野川'（'Nogawa'）。肖月娥在长野县入笠山湿地中发现了近蓝色花变型，该变型植株高仅40~50 cm，花直径约8 cm，花被片卵圆形（图2-19左上）。

图2-22 发现于日本富士山地区与青森县下北郡的'北野天使'（'Kita No Tenshi'）

图2-23 发现于山形县饭蜂町的'出羽之姬君'（'Dewa No Himegimi'）

图 2-24　发现于本州岛北部的'陆奥之薄红'（'Mutsu No Usubeni'）　图 2-25　发现于日本三重县斋宫町的'咚咚泉水'（'Tonton Bana'）　图 2-26　发现于日本青森县十和田市的'日和田四英'（'Hiwada Yonnei'）

　　日本学者在山形县萩生町和北海道白糠町等地发现了一些柱头或内轮花被片颜色近白色而外轮花被片为红紫色或蓝紫色的变型，这些变型可能是长井古种的原型。此外，在北海道的白糠町、能取湖畔、浜中町和青森县十和田市发现了一些花瓣数目不定的变异个体，其中较为有名的野生变型为'日和田四英'（'Hiwada Yonnei'），该变型花基数为 5（图 2-26）。此外，日本群岛野外还分布有白色变型，这种突变个体的花较小，花直径约 6 cm，植株高 100 cm。目前，加茂花菖蒲园和北海道八纮学园花菖蒲园均收集有野生玉蝉花白花变型，但具体来源不详（永田敏弘，2007）。

　　(4) 朝鲜半岛

　　朝鲜半岛是位于东北亚的一个半岛，其西部、南部和东部分别被黄海、朝鲜海峡和日本海所环绕。朝鲜半岛境内多山，山地或高原面积占 80%，南部受日本暖流黑潮的影响海洋性气候特点明显，而北部向大陆性气候过渡，年平均气温 8~12℃，年平均降水量 1120 mm。在韩国生物多样性信息系统（Korea Biodiversity Information System，www.nature.go.kr）总计搜索到 167 份玉蝉花标本信息。从这些标本信息获知玉蝉花在整个朝鲜半岛南部的济州岛、江原道、蔚山、全罗南道、庆尚北道、光州、庆尚南道等地区及沿海一些小岛上都有分布。玉蝉花主要分布于这些地区的温带森林林缘沼泽地中，分布海拔为 743~1112 m（永田敏弘，2007）。在韩国，玉蝉花已被列入濒危植物中的低关注度等级（least concerned，LC）（Shin *et al.*，2012）。

(5) 俄罗斯远东地区

俄罗斯远东地区北临北冰洋和白令海峡、西南临中国东北部和朝鲜半岛、东南临日本海和鄂霍次克海。冬季南部地区平均气温为 - 21℃、北部则低至 - 40~ - 37℃，夏季南部平均气温为 20℃、北部则为 0~4℃。俄罗斯远东地区各区域的降雨量不均：堪察加半岛和萨哈林岛（库页岛）年降雨量可达 1000 mm，而楚科奇半岛年降雨量则仅有 200 mm。相应的，该地区植被类型多样，滨海边疆区、阿穆尔州、萨哈林岛南部植被类型为落叶阔叶林，而 Prekhankaiskaya 和 Zeya-Bureyskaya 平原地区为草原植被类型。

俄罗斯远东地区观赏植物资源极为丰富，如杜鹃花属（*Rhododendron* L.）、贝母属（*Fritillaria* L.）、百合属（*Lilium* L.）、鸢尾属（*Iris* L.）、天竺葵属（*Geranium* L.）、报春花属（*Primula* L.）和紫堇属（*Corydalis* L.）等。在俄罗斯远东地区，玉蝉花主要分布于乌苏里江流域、Zeya 和 Bureiskyi 两河间区域以及萨哈林岛等地区的冲积平原或草甸中（图 2-27）（Alexeeva，2009）。2003 年，Nina Alexeeva 调查了俄罗斯 9 个地区的鸢尾属分布概况，她将收集到的一些玉蝉花种子赠予美国鸢尾协会的 Jill Copeland、Phil Cook 和 Sharon Whitney 等。此后，他们在这些种子的实生苗中筛选到开花极早型、六英花型和白色花斑的 3 种变型（图 2-27）。最后一种变型以其发现者 Nina Alexeeva 命名。目前，俄罗斯已将玉蝉花列入国家级红色植物保护名录（Galanin，2006）。

三、玉蝉花遗传多样性

遗传多样性是物种多样性和生态系统多样性的前提与基础，其研究结果能为物种鉴定、进化研究、重要物种的保护规划、育种或遗传改良等提供理论基础（Andrew，2002）。因此种群遗传多样性研究已成为保护生物学与种质资源研究的热点。而核微卫星（nuclear microsatellite，nSSR）为双亲遗传，具有多态性高、中性和共显性遗传等优点，是研究种群遗传多样性与遗传结构的理想分子标记（Selkoe and Toonen，2006）。

2009~2013 年，我们在东亚地区收集了 47 个种群、1043 份个体，来自中国、俄罗斯、日本群岛和朝鲜半岛的种群数分别为 28 个、3 个、10 个和 6 个（表 2-4）。我们采用磁珠富集法开发玉蝉花多态性 nSSR 引物，并利用获得的 nSSR 引物对所有样本进行扩增与基因分型，评估了东亚地区玉蝉花种群遗传多样性与种群遗传结构。

图 2-27 俄罗斯远东地区玉蝉花（Nina Alexeeva 和 Sharon Whitney 拍摄）

表 2-4　玉蝉花种群信息

序号	种群	区域	收集地点	收集时间	经度（°）	纬度（°）	样本数	海拔 /m
1	DMS	天目山	浙江省临安市	2009 年 6 月	30.056	118.995	24	1350
2	QLF		浙江省临安市	2009 年 6 月	30.092	118.882	30	1550
3	BZY		浙江省临安市	2009 年 6 月	30.232	119.018	36	1250
4	TC		浙江省临安市	2009 年 6 月	30.302	119.119	31	1300
5	DSG		浙江省安吉市	2009 年 6 月	30.418	119.420	47	1250
6	THY		浙江省临安市	2009 年 6 月	30.436	119.624	24	950
7	FCH	中国东北	辽宁省丹东市	2011 年 8 月	40.146	123.947	19	210
8	BX		辽宁省本溪市	2011 年 8 月	40.824	124.130	14	230
9	FSH		辽宁省抚顺市	2011 年 8 月	42.070	124.705	18	200
10	QY		辽宁省抚顺市	2011 年 8 月	42.088	124.921	4	180
11	JC		吉林省通化市	2010 年 7 月	42.348	126.402	28	472
12	EDB		吉林省延边市	2010 年 7 月	42.465	128.142	32	733
13	LJ		吉林省省延边	2010 年 7 月	42.654	128.114	28	620
14	DQ		吉林省延边市	2010 年 7 月	43.042	129.028	26	480
15	FM		吉林省敦化市	2010 年 7 月	43.423	128.210	15	460
16	QLG		吉林省敦化市	2010 年 7 月	43.499	128.162	25	560
17	WHL		吉林省敦化市	2010 年 7 月	43.552	127.867	25	334
18	JPH		黑龙江省宁安市	2012 年 8 月	44.071	128.884	15	330
19	MES		黑龙江省哈尔滨市	2010 年 7 月	45.356	127.528	53	837
20	SJD		黑龙江省佳木斯市	2011 年 8 月	46.579	130.635	20	210
21	DLZ		黑龙江省佳木斯市	2011 年 8 月	46.824	130.317	13	350
22	YC		黑龙江省伊春市	2012 年 8 月	47.112	129.368	30	165
23	HG		黑龙江省鹤岗市	2012 年 8 月	47.382	129.990	24	230
24	LB		黑龙江省鹤岗市	2012 年 8 月	47.652	130.459	28	148
25	BA		黑龙江省北安市	2012 年 8 月	48.543	126.908	30	314
26	NJ		黑龙江省黑河市	2010 年 7 月	49.739	125.440	20	310
27	HH		黑龙江省黑河市	2012 年 8 月	50.270	127.380	30	162
28	HM		黑龙江省呼玛县	2012 年 8 月	51.102	126.905	35	151

（续表）

序号	种群	区域	收集地点	收集时间	经度（°）	纬度（°）	样本数	海拔/m
29	KCH		高知县牧野植物园	2013 年 7 月	33.548	133.587	22	680
30	HYG		兵库县西贡市	2013 年 7 月	34.778	135.339	8	550
31	HKN		神奈川县箱根町	2013 年 7 月	35.266	139.006	25	780
32	SMN		岛根县松江花菖蒲园	2007 年 10 月	35.468	133.050	4	200
33	NGN	日本群岛	长野县富士见町	2013 年 7 月	35.905	138.176	38	1350
34	YTS		富山县八尾町	2013 年 7 月	36.584	138.167	21	210
35	IMZ		富山县射水市	2013 年 7 月	36.623	137.050	15	180
36	TNM		富山县利波市	2013 年 7 月	36.687	137.104	27	200
37	HKKII		北海道标津郡	2013 年 7 月	43.163	145.500	24	150
38	HKKI		北海道标津郡	2013 年 7 月	43.616	145.232	24	150
39	HL		济州岛汉拿山	2013 年 7 月	33.356	126.428	20	920
40	JN		全罗南道求礼郡太白山	2013 年 7 月	35.300	127.516	2	1112
41	JY	韩国	全罗南道山清郡智异山	2013 年 7 月	35.384	127.781	20	743
42	JM		全罗南道山清郡智异山	2013 年 7 月	35.391	127.821	20	968
43	JS		江原道平昌郡太白山	2013 年 7 月	37.676	128.765	20	1034
44	NG		江原道平昌郡太白山	2013 年 7 月	37.683	128.758	20	839
45	LL		Lazo Lazovskyi	2011 年 7 月	43.384	133.880	3	无相关信息
46	SP	俄罗斯	Sukhanovka Primorskui	2011 年 7 月	44.138	133.689	3	无相关信息
47	IH		Iliinka Hanka Lake	2011 年 7 月	45.046	133.091	3	无相关信息

（1）遗传多样性

玉蝉花具有无性繁殖能力，采样中可能会采集到来自同一克隆的不同分株，因此在进行种群遗传学分析前剔除来自相同克隆的个体。具体方法是采用 GENCLONE 软件检测每个种群内相同多位点基因型（MLG）（Arnaud–Haond and Belkhir, 2007）。再依据 P_{sex} 值大小来判断相同多位点基因型的个体是否来自不同有性繁殖事件：$P_{sex} < 0.01$，认为相同 MLG 的个体来自同一有性繁殖事件；$P_{sex} > 0.01$，则认为这些个体来自不同繁殖事件即不同克隆或家系（MLL）。在去相同克隆处理后总计获得 961 个不同多位点基因型（MLG），来自于 966 个不同家系（MLL）。

采用 FSTAT v2.9.3（Goudet, 2001）与 TFPGA v1.3（Miller, 1998）计算各种群各

个位点多态性，主要参数包括等位基因数（allele number，A）、观察杂合度（observed heterozygosity，H_O）、基因多样性指数（genetic diversity，H_S）、总遗传多样性指数（total heterozygosity，H_T）、种群间基因多样性指数（genetic diversity among populations，D_{ST}）和种群间基因分化系数（G_{ST}）。采用软件 GenAlEx v6.41（Peakall and Smouse，2005）计算各个种群特有等位基因数目。基于物种水平，在 966 个玉蝉花不同家系中总计检测到 157 个等位基因。每位点平均等位基因数为 19.6 个（范围 10~26 个）。位点 IE312 和 IE118 等位基因数最高，分别为 26 个和 25 个。位点 IE48 等位基因数最少，为 10 个。8 个位点平均观察杂合度为 0.618（范围 0.525~0.805），而总遗传多样性和种群内基因多样性指数平均值分别为 0.796（范围 0.675~0.840）与 0.618（范围 0.532~0.723）。种群间基因多样性指数较低（0.178），种群间基因分化系数较高（0.224）。基于种群水平，平均观察杂合度为 0.618（范围 0.375~0.863），平均期望杂合度为 0.618（范围 0.440~0.780）。每种群平均等位基因数 5.23（范围 3.75~7.63）。所有种群等位基因丰富度平均值为 4.11（范围 3.02~5.70）。天目山种群、朝鲜半岛南部种群、中国东北部种群和日本群岛种群各拥有特有等位基因数为 8 个、11 个、21 个和 5 个。

近交系数 F_{IS} 值能反映种群杂合度与偏离哈温平衡情况。采用 FSTAT v2.9.3（Goudet，2001）计算不同种群近交系数（Inbreeding coefficient，F_{IS}）。玉蝉花种群近交系数较低（F_{IS} =0.101），表明该种为异交为主的物种。在 41 个种群中，F_{IS} 值范围为 −0.421~0.143，平均值为 0.101。黑龙江地区北安种群（BA）、黑河种群（HH）、帽儿山种群（MES）和嫩江种群（NJ），辽东半岛抚顺种群（FSH），韩国太白山种群（NG）和日本射水种群（IMZ）等 6 个种群的 F_{IS} 值显著偏离 0（$P < 0.05$），表明这些种群存在杂合不足或杂合过剩的情况。其余 35 个种群 F_{IS} 值未明显偏离 0，表明这些种群符合随机交配。

整体上，玉蝉花种群遗传多样性水平（平均 $H_E = 0.618$）处于中等水平，低于广泛分布的多年生异交植物（$H_E = 0.68$），但高于狭窄分布的多年生物种（$H_E = 0.56$）（Nybom，2004）。同样基于 nSSR 分子标记，玉蝉花与湿生鸢尾 *I. hexagona* Wal.（$H_E = 0.623$）种群遗传多样性水平接近，这得益于两种鸢尾属植物的异交交配系统（Meerow *et al.*，2007）。但是，玉蝉花种群遗传分化水平高于 *I. hexagona*（$F_{ST} = 0.204$）。*I. hexagona* 喜温暖、潮湿的环境，分布于北美东南部亚热带平原地区。而玉蝉花却喜冷凉、湿润的环境，在东亚东部中低纬度地区常分布于较高海拔处，种群间被低海拔处温带森林所隔离而呈非连续性分布。

在 *R* 软件（http://www.r-project.org/）中，对不同种群所在纬度与遗传多样性参数间进行 Pearson 相关分析，并通过单因素方差分析检验中国天目山、中国东北部、朝鲜半岛南部和日本群岛 4 个区域间遗传多样性是否存在差异。结果表明，只有参数 H_O 与种群所在纬度呈显著负相关（$P = 0.001$），A、H_E 和 A_R 均与纬度间不存在相关性（A, $P = 0.602$；H_E, $P = 0.160$；A_R, $P = 0.124$）。位于中纬度地区的朝鲜半岛南部种群遗传多样性水平显著高于中国天目山、中国东北部和日本群岛 3 个区域内种群遗传多样性。造成该地区遗传多样性较高的原因可能有 2 个：朝鲜半岛南部种群较其他地区种群经历了更少灭绝事件因而保留有更多的原始多态性，即该地区为冰期避难所；朝鲜半岛南部处于不同谱系的交汇区或缝合带。两者的区别在于避难所内拥有本地区特有等位基因，谱系交汇区或缝合带其等位基因均来自其他谱系因而缺乏特有性（白伟宁和张大勇，2014）。所有朝鲜半岛南部种群均拥有特有等位基因，因此该地区极有可能是玉蝉花冰期避难所，而导致该地区特有等位基因总数不高的原因则可能与取样种群数偏少有关。

（2）遗传分化

在 FSTATv 2.9.3 软件（Goudet，2001）中，依据估计值 θ（Weir and Cockerham，1984）分别计算基于总体水平和区域水平的种群间遗传分化系数 F_{ST} 值。采用 GenAlEx v6.41 软件（Peakall and Smouse，2006）分别基于物种水平和区域水平进行分子方差分析（Analysis of molecular variance，AMOVA），检验遗传变异组成情况。采用 IBD 软件（http://www.bio.sdsu.edu/pub/andy/IBD.html）（Bohonak）分别检验物种水平和区域水平种群间遗传分化指数 $F'_{ST}/(1 - F'_{ST})$ 与地理距离间是否存在相关性。结果表明 41 个玉蝉花种群总 $F_{ST} = 0.224$（$P < 0.001$），即种群间存在着显著的遗传分化。4 个区域的种群遗传分化均显著（$P < 0.001$），由低至高依次为日本群岛地区（$F_{ST} = 0.198$）、中国天目山地区（$F_{ST} = 0.133$）、朝鲜半岛南部地区（$F_{ST} = 0.121$）和中国东北部地区（$F_{ST} = 0.112$）。基于 nSSR 数据的 AMOVA 分析结果显示，玉蝉花大部分遗传变异（78%）存在于种群内而非种群间（22%）。依据 STRUCTURE 聚类结果划分为 3 个类群后再进行 AMOVA 分析，大部分遗传变异（73%）仍存在于种群内，类群间（14%）和种群间（13%）的遗传变异较低。该结果符合异交多年生植物大部分遗传变异存在于种群内的一般规律（Hamrick and Godt，1996）。而玉蝉花种群遗传分化水平较高，其物种水平的遗传分化系数 F_{ST} 值（0.244，$P < 0.001$）高于其他多种东亚大陆 – 岛屿间断分布植物的遗传分化水平（Qi et al.，2012；Zhai et al.，2012；Sakaguchi et al.，2012；Qi et al.，2014）。通过分析，我们还发现东亚地区的玉蝉花种群整体上符合 IBD 格局，表明地理隔离是导致该物种种内遗传分化水平较高的主要原因。

采用软件 GenAlEx v6.41（Peakall and Smouse，2006）分别基于个体水平和种群水平对等位基因频率进行主坐标分析（principal coordinates analysis，PCoA），检测个体或种群聚类情况。基于种群与个体水平的遗传变异分别做主坐标分析结果显示，玉蝉花在种群水平（41 个）和个体水平（966 个）均聚集为中国天目山、中国东北部和日本群岛 – 朝鲜半岛 3 个类群（图 2-28）。基于个体水平的主坐标一和主坐标二分别能解释的遗传变异为 52.3%（分别为 32.9% 和 19.4%）。而基于种群水平的主坐标一和主坐标二分别能解释的遗传变异为 66.1%（分别为 46.5% 和 19.6%）。

采用 STURCTURE v2.3（Pritchard *et al.*, 2000）基于物种水平（41 个种群）进行聚类分析。先依据 Evanno 等（2005）的方法获得最优 K 值，即种群遗传结构划分的最佳类群数。运行时，K 值设置为 1~15，每 K 值运行 15 次。迭代周期和迭代后周期的蒙特卡罗模拟值 (MCMC) 初始值分别设为 10^5 次和 10^6 次进行运算。计算每个 K 值的后验概率 LnP(D)，获得 K 值与 ΔK 之间的关系图。之后在各类群内进一步采用 STRUCTURE 软件进行聚类分析以检测遗传亚结构。首先对所有种群进行分析，结果表明，当 K = 2 时 ΔK 值最大，但直到 K ≥ 3 后 LnP(K) 值的变化才趋于平缓，因此最优类群数为 2 或 3。K = 2 时，所有种群聚集为中国天目山 – 日本群岛 – 朝鲜半岛（红色）与中国东北部（绿色）2 个类群，济州岛种群 (HL) 拥有两个基因库的混合基因型，而其余种群基因混合情况较少发生（图 2-29a）。当 K = 3 时，所有种群聚集为中国天目山（红色）、日本群岛 – 朝鲜半岛（蓝色）和中国东北部（绿色）3 个类群，汉拿山种群 (HL) 存在后 2 个类群的混合基因型（图 2-29a）。当 K ≥ 4 时，中国东北部地区聚类结果不稳定，现随机选取 15 次聚类分析结果之一展示，结果显示中国东北部种群遗传混合严重（图 2-29a）。K = 3 时 STRUCTURE 聚类结果与主成分分析及 Barrier 分析结果一致，因此我们认为玉蝉花在东亚地区最优类群数为 3 更为合理。

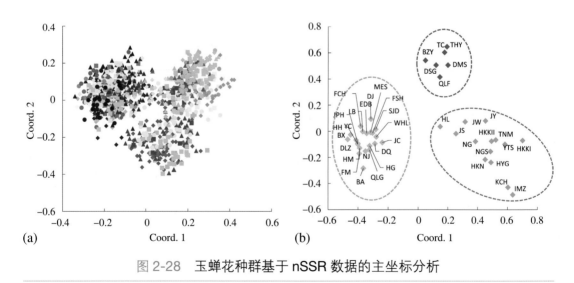

图 2-28　玉蝉花种群基于 nSSR 数据的主坐标分析

（a）与（b）则表示所有个体与所有种群主坐标分析，（b）红、绿与蓝三个虚线椭圆分别表示中国天目山、中国东北部和日本群岛 - 朝鲜半岛 3 个类群

为检测各类群内遗传亚结构，又在 3 个类群内进行 STRUCTURE 聚类分析，结果表明在中国天目山类群和日本群岛 – 朝鲜半岛类群中均存在显著的遗传分化亚结构。对中国天目山种群进行贝叶斯聚类分析得到 ΔK 与 K 值关系图，当 $\Delta K = 5$ 时 ΔK 值最大，即最优类群数为 5。当 $K = 5$ 时，聚类分析结果显示火山大石谷（DSG）和天池（TC）两个种群拥有混合基因型，而百丈崖种群（BZY）、大明山种群（DMS）、清凉峰种群（QLF）和太湖源种群（THY）等 4 个种群基因混合情况较少发生（图 2-29b）。

对日本群岛 – 朝鲜半岛类群内种群进行贝叶斯聚类分析，结果显示，当 $K = 5$ 时，ΔK 值最大，因而该枝系内最优类群数为 5（图 2-29c）。当 $K = 5$ 时，该枝系被分为 5 个亚类群：日本北海道种群（HKKI 和 HKKII）、日本长野县入笠山种群（NGS）、日本本州岛四个种群（YTS、IMZ、TNM 和 HKN）、朝鲜半岛智异山山脉两个种群（JM 和 JY）、朝鲜半岛太白山山脉两个种群与济州岛种群（NG、JS 和 HL）。当选取 $K = 6$ 时，济州岛种群（HL）单独为一个基因库（图 2-29c）。

在中国东北部类群进行贝叶斯聚类分析时，所有 K 值（1~15）下 ΔK 值都非常接近，因此在中国东北部大陆类群不存在遗传亚结构（图 2-29d）。

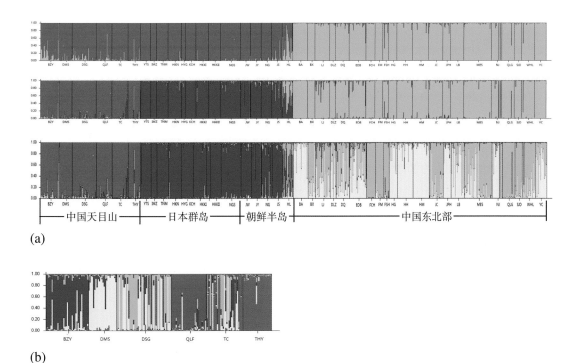

(a)

(b)

图 2-29　玉蝉花种群基于 nSSR 数据的 STRUCTURE 聚类

（a）所有种群在 $K = 2$、3 和 4 时聚类分析结果；（b）中国天目山类群在 $K = 5$ 时聚类分析结果；

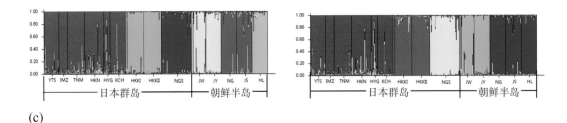

(c)

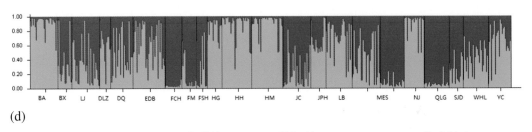

(d)

图 2-29　玉蝉花种群基于 nSSR 数据的 STRUCTURE 聚类（续）

（c）日本群岛 - 朝鲜半岛类群在 $K = 5$ 或 6 时聚类分析结果；（d）中国东北部类群在 $K = 2$ 时聚类分析结果

中国天目山地区的玉蝉花有效种群面积较小，并处于长期隔离的状态，符合"后缘种群"的概念（Hampe and Petit，2005）。后缘种群遗传多样性水平并不如预期水平高，但遗传分化水平较高，因此后缘种群只能是遗传多样性的"热点地区"（hot spot），而非"熔炉"（melting pot）（Petit *et al.*，2003）。由于长期的高度隔离，后缘种群可能会发生新的突变（Hampe and Petit，2005）。新产生的等位基因是由于物种对环境的长期适应与进化，对这些种群的保护具有重要的实际意义（Petit *et al*，2003；Hampe and Petit，2005）。

基于 nSSR 数据的 STRUCTURE 聚类分析结果显示，在北海道种群（HKKI 和 HKKII）和长野县入笠山种群（NGN）拥有独特的基因库。本州岛与北海道由于津轻海峡的形成而彼此分离时间约为 0.1 Ma（Ohshima，1990），津轻海峡可能是玉蝉花在北海道与本州岛区域间基因交流的地理鸿沟。同时，北海道种群（HKKI 和 HKKII）遗传多样性低于本州中部种群，暗示着由南向北的扩张路线，因此北海道种群应为玉蝉花现有分布区的前缘种群。本州中部长野县入笠山种群（NGN）拥有不同于本州中部其他种群的遗传特征或基因库。NGN 种群位于日本长野县入笠山湿地，分布于接近山顶高海拔（1350 m）处，这种分布格局与天目山种群类似，暗示着这些种群可能经历了相似的进化历史，即随着间冰期温度升高这些种群可能向高海拔处迁移（McCarty，2001）。

济州岛种群（HL）中存在中国东北部与日本群岛种群的遗传混合。济州岛种群分布于汉拿山高海拔（920 m）处，自然生境片段化引起的遗传漂变作用可能使该种群保留了中国东北部种群的特有等位基因。此外，在朝鲜半岛南部的太白山山脉、智异山山脉的玉蝉花种群拥有独特的基因库，暗示着朝鲜半岛南部山脉对种群的物理隔离作用较大。而中国东北部北缘种群与日本北海道种群均属于"前缘种群"，可能为冰期后扩张种群因而遗传多样性较低。

总之，基于 nSSR 数据的研究结果显示玉蝉花种群遗传多样性处于中等水平而种群遗传分化水平较高，而处于中纬度地区的朝鲜半岛南部种群拥有最为丰富的遗传多样性。尽管天目山、日本群岛和中国东北部 3 个地区区域内遗传多样性水平接近，但各自经历的进化历史却不尽相同。另外，基于 STRUCTURE（$K = 3$）聚类结果显示中国东部天目山地区种群、中国东北部种群与朝鲜半岛南部 – 日本群岛种群拥有不同的基因库。这些结果显示自然生境片段化对玉蝉花种群遗传结构具有重要的塑造作用，增大了种群间遗传分化、促进局部适应，导致这些区域产生了显著的遗传亚结构。

第四节 玉蝉花种质资源保护与利用

野生玉蝉花是世界广泛栽培植物花菖蒲的唯一亲本，对于该种的保护具有重要意义。尽管玉蝉花在东亚地区分布范围广泛，但该种在中纬度地区一般分布于山顶林缘沼泽地，种群呈现片段化。从种群遗传学研究来看，古老的自然生境片段化是导致玉蝉花整体上种群遗传多样性水平不高但遗传分化水平较高的重要原因。随着近几十年来人类活动的加剧，该种将面临更为严重的片段化或生境丧失的挑战，包括种群隔离加剧、有效种群面积缩减、近交、遗传漂变和遗传多样性下降等一系列的遗传负效应，这些都会影响种群适合度和种群更新（Young *et al.*，1996；陈小勇，2000）。近年来的农业围垦和城市化进程使得玉蝉花原始栖息地已遭严重破坏。如何科学有效地保护并利用野生玉蝉花资源已成为花菖蒲发展面临的重要课题。

我们通过分子标记获得遗传结构可以为确立玉蝉花进化显著单元（evolutionary significant unit，ESU）提供基础信息，而基于种群遗传学研究信息可分析不同种群遗传贡献率（genetic contribution）大小以确定优先保护种群。最后我们将综合玉蝉花的遗传结构特征、种群贡献率和繁殖生物学特征等信息对该种提出合理的保护策略。

一、优先保护种群的确立

基于不同种群 nSSR 基因型频率数据采用 PGCA ver1.0（Lu *et al.*，2007）计算各个种群的遗传贡献率。其中 Ct 和 Crt 分别为单个种群对种群总遗传多样性和单倍型（等位基因）

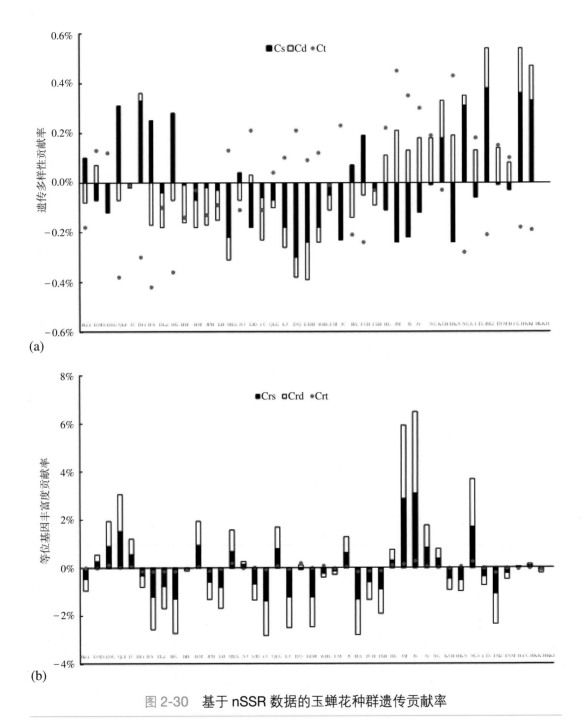

(a)

(b)

图 2-30　基于 nSSR 数据的玉蝉花种群遗传贡献率

丰富度的贡献率（Petit *et al*., 1998）。同时分析了遗传多样性的两个组分，种群内遗传多样性（Cs，Crs）和种群间遗传分化（Cd，Crd）。PGCA 分析结果显示中国天目山地区的大明山种群（DMS）和火山大石谷种群（DSG），中国东北部的帽儿山种群（MES）、金川种群（JC）、申家店种群（SJD）、两江种群（LJ）、威虎岭种群（WHL）和德清种群（DQ），朝鲜半岛的太白山种群（JN 和 JS）和智异山种群（JY），以及日本群岛的八尾种群（YTS）、利波种群（TNM）、冰库种群（HYG）和箱根种群（HKN）对整体种群遗传多样性的贡献率（Ct）大于0.1%，其中箱根种群拥有最高的 Ct 值（0.43%）（图2-30）。而中国天目山地区的火山大石谷种群、中国东北部的帽儿山种群和德清种群、朝鲜半岛南部的汉拿山种群和太白山种群以及日本的入笠山种群（NGS）对等位基因丰富度遗传贡献率（Crt）大于0.1%，其中 MES 和 DQ 拥有最高的 Crt（0.19%）（图2-30）。

因此，以下种群拥有较高水平的遗传贡献率：中国天目山大明山种群和火山大石谷种群，朝鲜半岛所有种群，日本群岛的入笠山种群、冰库种群和箱根种群，中国东北部的帽儿山种群、金川种群、申家店种群、两江种群、威虎岭种群和德清种群，应予以优先保护。

二、玉蝉花保护与利用策略

玉蝉花对于生境要求极为特殊，喜生长在向阳的林缘沼泽地或草甸。就地保护（in-situ conservation）是玉蝉花保护的首选方式。目前，在日本、韩国和俄罗斯等地已建立玉蝉花就地保护区。我国应以优先保护种群为重点尽快建立玉蝉花保护区，禁止在玉蝉花种群所在地的湿地或草甸进行开垦。同时应该加强宣传以提高人们的保护意识。

迁地保护（ex-situ conservation）是就地保护的重要补充方式。对于辽宁省境内生境已遭到严重破坏、个体数极少的玉蝉花种群可采取迁地保护形式，而其最终目标是恢复生境、实现回归引种，恢复野生种群。另外，中国浙江省的玉蝉花种群可能拥有物种丰富的进化潜力，因而对该地区种群的保护极为重要。这些种群分布位置接近山顶，全球升温效应对这种高海拔处"天空中岛屿"生存尤为不利（Colwell et al.，2008）。对此，我们可以实行"协助迁移"（assisted migration）的保护方法。具体方法是通过人为方式将个体或种群迁移至适宜生境中以达到保护物种个体或种群的目的（Xiao et al.，2015）。而迁移的目的地建议选择在山东省昆嵛山地区，该地区玉蝉花种群灭绝开始于近几十年，很明显与近期人类毁灭性的破坏行为有关。遗传丰富度或特有性最高的清凉峰种群（QLF）和火山大石谷种群（DSG）可用作源种群。

进化显著单元是指具有共同的进化祖先但在进化过程中形成并保持着各自不同的遗传结构的一些分类单元（Ryder，1986）。玉蝉花种内蕴藏着丰富的花色、花型变异，以日本群岛和中国东部最为突出，是花菖蒲育种与遗传改良的重要野生种质资源。而基于微卫星分子标记数据进一步显示中国东部、中国东北部、朝鲜半岛和日本群岛具有显著的遗传异质性，并且在中国天目山、日本群岛和朝鲜半岛具有丰富的遗传亚结构，应考虑将这些区域的玉蝉花种群作为独立的进化显著单元来进行保护。

　　玉蝉花园艺品种的育种工作起源并独立发展于日本本土，因此注入来自中国、朝鲜半岛和东俄罗斯地域性特征明显的基因库显然是花菖蒲育种与种质创新的首要目标。同时，未来应注重对不同地区玉蝉花种质资源的表型多样性开展细致的研究。除花色、花型外，花期早晚、植株高度、抗病虫害能力和抗逆境能力等均应引起关注。由此，我们才有可能全方位掌握、利用玉蝉花种质资源。在切实开展玉蝉花种质资源保护的同时，应侧重对不同地区种质资源的适量收集、繁殖与选育。在这一点上，加强国际同行间的合作与交流也非常重要。

第三章

花菖蒲品种分类与赏析

花菖蒲自江户时代开始逐渐演化为江户系、肥后系、伊势系、长井系和美国系等不同的品种群（或品系）。根据日本花菖蒲协会网站信息，现有花菖蒲品种总数已超过5000个。本章重点介绍了花菖蒲的品种分类系统和主要鉴赏特征，并且分品系赏析了花菖蒲品种近200余个，为花菖蒲种质创新与应用提供参考。

第一节　花菖蒲品种分类与相关术语

一、花菖蒲品种分类

花菖蒲各个品系主要特征详见表3-1。

表 3-1　花菖蒲品系主要特征

品　系	主要特征
江户系（Edo group）	自江户时代起，东京都葛饰区崛切周边花菖蒲园培育的品种，该类品种最初以花菖蒲园观赏为目的，其花容简洁，花型大多为水平展开型
肥后系（Higo group）	江户时代末期，肥后地区（今熊本县）的细川斋护等以菖翁的品种为基础进行改良后获得，这类品种最初以室内观赏为目的，其花容豪华绚烂，是第二次世界大战后花菖蒲的主流
伊势系（Ise group）	江户时代后期，最早由松阪地区（今三重县）的吉井定五郎开始栽培，此后在当地发展的品系。第二次世界大战后经三重大学的富野耕治博士推广介绍才为人所知，其花容优雅，花型为垂开的三英花型
长井系（Nagai group）	山形县长井市花菖蒲园保存的品种，可能，但由于缺乏文献记载这一说法无法考证。有一半长井系品种花色或花式样与江户系品种相似，而花型和花大小介于野生种与江户系之间
大船系（Ohuna group）	大正时代，神奈川县大船植物园的宫泽文吾博士在江户系的基础上选育了一个以出口为目的的品种群
吉江系（Yoshie group）	继大船系之后，吉江清郎博士选育获得了一个主要在新历端午节开放的早花型品系
美国系（American group）	昭和初期，以江户系为基础在美国改良而成的品系，其花大、色艳

按照花菖蒲品系形成地区，可以将花菖蒲分为江户系、肥后系、伊势系、长井系、大船系、吉江系和美国系等7类，以江户系、肥后系、伊势系、长井系等4类最为有名，其他3类较少被提及。另外，大船系与江户系的品种花型、花色相似，因此常将大船系仍归入江户系。花菖蒲的'系'受到地区、培育者自身的审美意识和风土文化等多因素的综合影响，这些因素具体表现在花型、花色等有规律的变异上。不同的系具有特殊的观赏价值，这是花菖蒲和其他日本传统花卉最大的不同。近年来，育种学家以江户时代和第二次世界大战后经济复兴时期的品种为基础选育了大量花菖蒲新品种，其中很多品种难以按传统意义归到某个'系'，而且系和系之间的杂交品种也被培育出来。可见，系的分类方法目前需要有新的解释。

二、花菖蒲品种描述术语

（1）花期

以上海地区为参照，将花菖蒲按照花期早晚分为6种类型。

1) 极早花型：盛花期为5月15日左右的品种。

2) 早花型：盛花期为5月20日左右的品种。

3) 中花型：盛花期为5月25日左右的品种。

4) 中晚花型：盛花期为5月31日左右的品种。

5) 晚花型：盛花期为6月5日左右的品种。

6) 极晚花型：盛花期为6月10日后的品种。

由于不同地区或每年气候条件不同，同一品种开花期也会有所差异。另外，如果在北部地区，多个品种会出现同时开花的现象。

（2）花大小

花大小为从花侧视时的最大宽度，即花直径。栽培条件和开花不同花大小会有较大变化，开花第1天与第3天的花大小也会有变化。本文所指花大小是某品种最大花直径。

1) 小花：花直径10 cm左右。

2) 中花：花直径15 cm左右。

3) 大花：花直径18 cm左右。

4) 巨大花（极大花）：花直径20 cm左右。

（3）花型（图3-1）

鸢尾属植物的外轮花被片通常垂直向下或水平而被称为垂瓣（英文Fall），而内轮花被片通常竖直向上而被称为旗瓣（英文Standard）。

1) 三英花型：即单瓣型，欧美国家通常记作3F（3Fall，3枚垂瓣），3枚外轮花被片

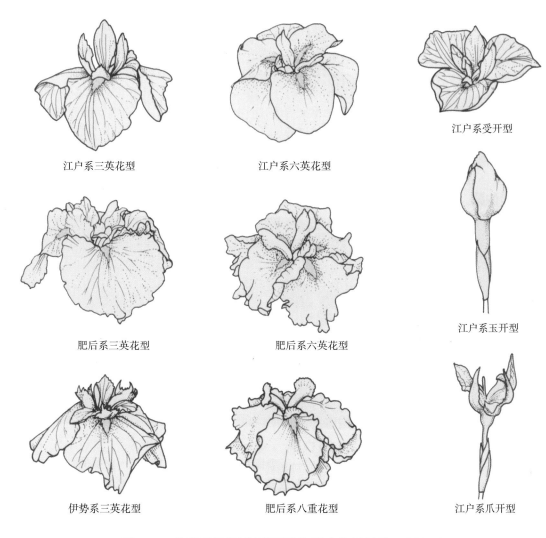

江户系三英花型　　　　　江户系六英花型　　　　　江户系受开型

肥后系三英花型　　　　　肥后系六英花型　　　　　江户系玉开型

伊势系三英花型　　　　　肥后系八重花型　　　　　江户系爪开型

图 3-1　花菖蒲不同品系不同花型（永田敏弘，2007）

大而下垂或平展、3 枚内轮花被片小而直立。

2）六英花型：即重瓣型，欧美国家通常记作 6F（6Fall，6 枚垂瓣），6 枚花被片全部下垂或平展。

3）八重花型：即牡丹花型，欧美国家通常记作 9F（9Fall，9 枚垂瓣），3 枚瓣化的雄蕊与内、外两轮花被片。

4）多瓣型：在重瓣花的基础上，柱头严重瓣化，花被片数目不定，如'天女之冠'和'日和田四英'等。

5）平开型：花被片水平张开，不下垂。

6）碗开型：倒碗形花，如'云衣裳'和'濡燕'。

7）垂开型：伊势系品种中较为常见，花被片严重下垂。

8）深开型：花被片较垂开型更为垂直向下，如'丰苇原'。

9）受开型：花被片向上托起，如'醉美人'。

10）玉开型：花被片不完全打开，如'玉宝莲'。

11）爪开型：花被片不完全打开，并且成爪形。

12）台开型：柱头瓣化好像花上开花，如'八重藤见'。

13）正花型：用于肥后系，又称本花。花容端正规整，花被片不会翻卷或波浪，雄蕊与柱头无异形，花姿端正。代表品种如'玉洞'和'石桥'。

14）动花型：用于肥后系，与正花相对，花被片凹凸不一，或是异形，或是重叠等，花姿奇异。代表品种如'西行樱'和'滝之璎珞'。

15）蜘蛛手：蕊片尖端好像羽毛般细裂，是伊势系独有的特征之一。

(4) 花色

花菖蒲花色式样主要有以下 5 种类型。

1）纯色：除黄色花斑外，花被片只有一种颜色。日文称无地，如纯紫色的花菖蒲为"紫无地"。

2）绞纹：在基调色上染有其他的颜色，像刷子轻轻刷出的脉纹，这些脉纹大小常无规律可循。

3）脉纹：以白色为底色，上有紫色、红紫色和蓝紫色等脉纹。

4）砂子：又名砂子纹，指花瓣上撒上了沙子一样细小的点纹。

5）覆轮：花被片和柱头边缘的颜色与花基色调不一致。

第二节　花菖蒲品种赏析

一、江户系花菖蒲

由左金吾松平定朝即菖翁选育获得的品种被称为菖翁花，而在第二次世界大战前选育的品种被称为古种，其他未加特别说明则指第二次世界大战后选育的品种。花菖蒲古种是日本园艺文化遗产，历经古人感性而又敏锐的眼光考验，诠释了当时较高的美学造诣，一旦灭绝就是永久性的。同时，这些古种携带的特有基因资源可用于后续杂交选育。此外，古种的繁殖能力和适应能力较弱。因此，应重点保护这些古种。

（一）江户古种

1. 葵之上（Aoinoue）（江户古种）

中花型，三英花型，白色底、红紫色脉纹，内轮花被片红紫色、边缘白色，花直径约 16 cm，植株高 100 cm。葵之上为日本古典小说《紫式部》中男主人公的结发妻子，她气质温婉、端庄秀丽。该品种为江户古种精品之一，花型简洁，古风浓郁，大片开放时尤为引人入胜。

2. 万里之乡（Banli No Hibiki）（江户古种）

中晚花型，三英花型，白色底、上有青紫色脉纹，花直径约 16 cm，植株高 100 cm。该品种为江户古种中白色底、紫色脉纹的代表品种。

3. 万代之波（Bandai No Nami）（江户古种）

早花型，六英花型，纯白色，花直径约 16 cm，植株高 100 cm。该品种从花型来看为江户后期的作品，也是古种中较为强健的品种，自古以来就被广泛栽培。

4. 五湖之游（Goko No Asobi）（菖翁名花）

中晚花型，六英花型或半八重花型，青紫色上有白色脉纹，花直径约 14 cm，植株高 60 cm。该品种为菖翁所作名品之一。按《菖蒲图谱》中应为深蓝色、八重花，但流传到今日的'五湖之游'则是亮蓝色带有白色条纹的六英花，应不同于菖翁所作。

5. 群山之雪（Gunzannoyuki）（江户古种）

中花型，六英花，纯白色，花直径约 14 cm，植株高 100 cm。该品种花型简约，与'佐野之波'和'白龙'相似。

7. 日之出鹤（Hi No Dezuru）（江户古种）

中花型，三英花型，中花，白底、细密的红紫色砂纹，花直径约 12 cm，植株高 120 cm。

8. 凤凰冠（Hooukan）（江户古种）

中花型，三英花型，白色底，有紫色砂子纹，花直径约 16 cm，植株高 100 cm。该品种花瓣质地较硬，栽培较为广泛。

6. 玉宝莲（Gyokuho Ren）（江户古种）

早中花型，玉开型代表品种，浅紫色，花直径约 7 cm，植株高 100 cm。该品种花型奇特，深受江户时代的人们喜欢。

9. 泉川（Izumi Gawa）（江户古种）

中晚花型，六英花型，浅紫色底上有紫色脉纹，花直径约 14 cm，植株高 100 cm。'泉川'为崛切花菖蒲园第二代园主小高伊左卫门所作，和'麒麟角'同为江户时代后期名品。

10. 蛇泷之波（Jikogonami）（江户古花）

中花型、半八重花型、白色底、浅紫色脉纹、柱头
淡紫红色，花直径约 16 cm，植株高 80 cm。

11. 蛇之目伞（Jya No Megasa）（江户古花）

中花型、六英花型、浅紫色底、紫色脉纹、柱头紫
色、边缘白色，花直径约 16 cm，植株高 100 cm。

12. 神代之昔（Kamiyo No Mukashi）
（江户古花）

晚花型、六英花型、白色底、紫色脉纹、柱头紫
色，花直径约 16 cm，植株高 100 cm。该品种为江
户后期的古花，花形和花色都是江户绝品。繁殖性
稍差，最早只在加茂花菖蒲园有保存，但现已得到
普及。

13. 烟夕空（Kemuru Yuhzora）（江户古种）

中花型、三英花型、浅紫色，花直径约 14 cm，植
株高 100 cm。品种色很美，寓意"天空中美丽的
烟火"。

14. 小町娘（Komachi Musume）（江户古种）

中花型，三英花型，垂瓣和柱头白色为底、紫红色脉纹，旗瓣紫红色，花直径约 10 cm，植株高60 cm。

15. 小紫（Komurasaki）（江户古种）

晚花型，三英花型，垂瓣蓝紫色、旗瓣紫色，花直径约 10 cm，植株高 80 cm。该品种繁殖能力较好。

16. 小青空（Koaozora）
（江户古种）

晚花型，六英花型，蓝紫色、紫色脉纹，花直径约 14 cm，植株高 100 cm。该品种花容简洁，适合群植展示。第二次世界大战后，由北海道八纩学院发现于堀切花菖蒲园，但崛切花菖蒲园却丢失了该品种。类似境遇的品种还有'五三之宝'。

17. 熊奋迅（Kumafunzin）
（江户古种）

晚花型，半八重花型，深紫色，柱头白色、边缘和顶端紫色，花直径约 16 cm，植株高 100 cm。该品种繁殖能力一般。

18. 三筋之丝（Misuji No Ito）（江户古种）

中花型，三英花型，浅紫色底、上有紫色脉纹，旗瓣红紫色，花直径约 16 cm，植株高 70 cm。该品种繁殖能力一般。

19. 御幸帘（Miyukisudare）（菖翁名花）

晚花型，六英花型，白色与蓝紫色绞纹，花直径约 15 cm，植株高 80 cm。有人认为'丹凤楼'是'御幸帘'的别名。

20. 武藏川（Musashigawa）（江户古花）

中花型，三英花型，纯白色，旗瓣边缘浅蓝色，花直径约 18 cm，植株高 100 cm。该品种为江户时期小高园所作，花容优雅，但繁殖能力较弱。

21. 七小町（Nana Ko Machi）（江户古种）

中花型，六英花型，白色底、青紫色绞纹，花直径约 16 cm，植株高 100 cm。该品种花式样奇特、古风浓郁。

22. 波乘舟（Nami Noribune）（江户古种）

中花型，三英花型，紫色底、白色脉纹，花直径约 16 cm，植株高 100 cm。尽管这个品种繁殖能力较好，但较少被栽培。旗瓣先端较尖，与品种'龙颜'相似。

23. 鸣海绞（Narumishibori）（江户古花）

晚花型，三英花型，白色底、上有紫色脉纹，柱头白色、边缘紫色绞纹，花直径约 10 cm，植株高 80 cm。

24. 王昭君（Ohshokun）（菖翁名花）

六英花型，晚花型，深蓝色，花直径约 16 cm，植株高 100 cm。菖翁所著《花菖蒲花铭》里记载该品种为八重花型、紫色，但现存'王昭君'却是六英花型，可能品种已灭绝。

25. 冲津白波（Okitsushiranami）（江户古种）

中花型，六英花型，白色，花直径约 13 cm，植株高 120 cm。该品种颜色纯正，花容简洁，群体效果佳。《花菖蒲图谱》中描述该种为八重花型，但现有品种为六英花型。

26. 大鸣海（Onarumi）（江户古种）

中花型，三英花型，淡紫色底、青紫色绞纹，花直径约 15 cm，植株高 100 cm。

27. 奥万里（Okubanri）（江户古种）

中晚花型，三英花型，垂瓣浅紫色底、紫色脉纹，旗瓣紫色，花直径约 13 cm，植株高 80 cm。

28. 缟菖蒲（Shima Shobu）（江户古种）

中花型，三英花型，红紫色，叶有白色条纹，花直径约 10 cm，植株高 80 cm。该品种繁殖能力强，花、叶俱美，在江户中期宝庆 7 午（1710 午）的《增补地锦抄》中就有记载，是现存最为古老的花菖蒲品种之一。

29. 垂帘（Suiren）（江户古种）

晚花型，六英花型，蓝色底、白色绞纹，花直径约12 cm，植株高100 cm。该品种花瓣质地厚实、平开，其细致的绞纹在第二次世界大战后培育的品种中非常少见。

30. 慈贺之浦波（Shiga-no-uranami）（江户古种）

早花型，六英花型，蓝紫色底、白色脉纹，柱头白色，顶端蓝紫色花直径约18 cm，植株高120 cm。该品种为江户古种中较为强健的品种。

31. 佐野之渡（Sano No Watashi）（江户古种）

早花型，六英花型，纯白色，花直径约13 cm，植株高100 cm。该品种繁殖能力较强，栽培较为广泛。该品种与'群山之雪'花型、花色相似。

32. 猿踊（Saru Odori）（江户古种）

中早花型，三英花型，花紫红色、上有白色脉纹，柱头白色、边缘紫色，花直径约16 cm，植株高100 cm。花色如同猴子的红脸，由此得名。花被片曲线十分优美，深得玩家赏识。这种美感在现代品种中已很难再见到。

33. 七福神（Shichifukujin）（江户古种）

中花型，三英花型，紫红色，柱头白色、边缘紫红色，花直径约14 cm，植株高80 cm。

34. 天女之冠（Tennyo No Kan）（江户古种）

中花型，八重花型，白色、紫红色覆轮，花直径约13 cm，植株高100 cm。该品种花形非常独特，不产生花粉和种子，可能来自于野生突变体。

35. 照田（Teruta）（江户古种）

中花型，六英花型，垂瓣浅紫色底、深紫色脉纹，旗瓣紫色，花直径约12 cm，植株高50 cm。这是一个素雅的品种，较少被栽培。现保存于明治神宫御苑。

36. 九十九发（Tsukumogami）（菖翁名花）

晚花型，六英花型，白色、上有浅紫色细线，花直径约16 cm，植株高100 cm。本品种记载在《花菖蒲花铭》里，较少被栽培。现保存于明治神宫御苑。

37. 长生殿（Tyouseiden）
（江户古种）

中花型、六英花型，白色底、紫红色覆轮，花直径约 14 cm，植株高 120 cm。在菖翁的《菖花谱》里有记载，应为万年禄三郎所作。

38. 雨后之空（Ugo no sora）（江户古种）

晚花型，三英花型，红紫色和白色绞纹，旗瓣颜色略深，花直径约 12 cm，植株高 80 cm。

39. 和田津海（Wadatsumi）（菖翁名花）

中花型，三英花型、浅蓝紫色、白色脉纹，花直径约 10 cm，植株高 80 cm。花瓣稍微成波浪形，适宜群植。繁殖能力一般，花较小，因而较少被栽培。

40. 夕阳泻（Yuhigata）（江户古种）

中花型、六英花型、红紫色底、白色脉纹，花直径约 14 cm，植株高 70 cm。

（二）江户系现代品种

1. 扬羽（Ageba）（宫沢文吾，1952 年）

早花型，三英花型，花被片红紫色、柱头白色，花直径约 14 cm，植株高 100 cm。该品种是宫沢文吾在第二次世界大战后选育的早花品种之一。

**2. 相生锦（Aioi-nishiki）（平尾秀一，
育种年代不详）**

中花型，三英花型，垂瓣白色，旗瓣浅紫色，柱头白色，花直径约 15 cm，植株高 70 cm。

3. 赤蜻蛉（Aioi-nishiki）（永田敏弘，1993 年）

中花型，二英花型，花直径约 13 cm，红紫色底、白色脉纹。该品种为长井古种与江户系品种杂交获得。

4. 秋茜（Aki Akane）（育种信息不详）

中花型，六英花型，浅粉色，柱头粉色，花直径约 15 cm，植株高 100 cm。

5. 朝户开（Asato Biraki）（平尾秀一，
1969 年）

中花型，三英花型，深蓝紫色底、白色条纹。花直径约 16 cm，植株高 100 cm。1969 年，平尾秀一与加茂元照在千叶县牧野善作家做客。清晨，平尾先生推开窗户看到一朵蓝色系的花菖蒲，眼前一亮，该品种也因此而得名。在此之前，平尾先生一直致力于蓝色系花菖蒲的选育。他首先利用'浅妻舟'这一蓝色系江户古种培育出了'伊豆之海'，在此基础上陆续选育了'朝户开''蓝草纸'和'碧凤'等蓝色系品种。

6. 绫濑川（Ayasegawa）（育种信息不详）

晚花型，三英花型，白色底、紫色覆轮，花直径约 14 cm，植株高 80 cm。

7. 东之风（Azuman No Kaze）（加茂花菖蒲园，1990年）

极早花型，三英花型，蓝紫色底、白色脉纹，柱头白色、边缘蓝紫色，花直径约12 cm，植株高100 cm。

8. 红公子（Beni Koshi）（平尾秀一，1975年）

中花型，三英花型，红紫色底、有白色脉纹，柱头白色、边缘紫红色，花直径约16 cm，植株高100 cm。

9. 文吾之辉（Bungo No Kagayaki）（吉江清朗，育种年代不详）

中花型，六英花型，花纯白色，花直径约12 cm，植株高100 cm。

10. 沿海州（Enkaisyu）（加茂元照，育种
年代不详）

极早花型，三英花型，红紫色，花直径约 12 cm，植株高 100 cm。该品种为俄罗斯沿海州地区收集到的野生花菖蒲与吉江系极早花品种'小仙女'的杂交后代。由于远缘杂交的缘故，该品种植株高大、健壮。

11. 富士川（Fuji Gawa）（伊藤东一，育种
年代不详）

早花型，三英花型，白色，花直径约 12 cm，植株高 80 cm。

12. 藤御所（Fuji Gosho）（育种信息不详）

早花型，三英花型，紫色，黄色花斑附近紫黑色，花直径约 13 cm，植株高 80 cm。

13. 藤胜见（Fuji Katsumi）（加茂花菖蒲园，
2003 年）

中花型，五英花型，浅紫色底、上有紫色脉纹，花
直径约 12 cm，植株高 80 cm。该品种为江户古花
'八重胜见'的子代，两者花容相似。

14. 藤之袭（Fuji No Kasane）（加茂花菖蒲
园，2003 年）

中晚花型，八重花型，浅紫色底、上有紫色脉纹，
花直径约 13 cm，植株高 60 cm。该品种花质地绉
绸，可能起源于伊势系。花色与伊势系品种'宝
玉'相似，花型与肥后系品种'黑龙狮子'接近，
但花容较后者简洁。

15. 富士之涌水（Fuji No Yhosui）（清水弘，
1991 年）

中花型，八重花型，花纯白色，花直径约 15 cm，
植株高 100 cm。

16. 藤绞（Fuji Shibori）（加茂花菖蒲园，
2003 年）

中花型，三英花型，白色、紫色绞纹，花直径约
13 cm，植株高 70 cm。

17. 月魂（Geipaku）（育种
信息不详）

中花型，三英花型，白色，旗瓣边缘浅紫色，花直径约 10 cm，植株高 70 cm。

18. 银之华（Ginnohana）（加茂花菖蒲园，
2003 年）

中花型，三英花型，紫色底、白色覆轮，花直径约 16 cm，植株高 60 cm。

19. 五三鸡（Gosan Bina）（加茂花菖蒲园，
2003 年）

中花型，五英花型，白底、粉紫色覆轮，花直径约 13 cm，植株高 50 cm。自 20 世纪 90 年代初，加茂花菖蒲园开始培育五英花品种。在 21 世纪初期登录了一系列五英花品种。

20. 五三之鹭（Gosan No Sagi）（加茂花菖蒲园，育种年代不详）

中花型，花被片数目为 3、4 或 5 不定，纯白色，花直径约 14 cm，植株高 60 cm。

21. 五三之空（Gosan No Sora）（加茂花菖蒲园，2002 年）

中花型，五英花型，白色底、浅蓝色覆轮，花直径约 10 cm，植株高 60 cm。

22. 群青（Gunjyo）（加茂花菖蒲园，1993 年）

中晚花型，三英花型，蓝紫色，柱头中心白色、边缘蓝紫色，花型如肥后系，花直径 13 cm，植株高 70 cm。

23. 浜名之风（Hamananokaze）（鲤艸乡花菖蒲园，育种年代不详）

中晚花型，三英花型，垂瓣蓝紫色，旗瓣紫色、边缘浅紫色，柱头白色、顶端紫色，花直径约 12 cm，植株高 100 cm。

24. 华紫（Hana Murasaki）（加茂花菖蒲园，
1993 年）

中晚花型，三英花型，深紫色，花瓣质地较硬，花直径约 16 cm，植株高 60 cm。

25. 花笠（Hanagasa）（育种
信息不详）

晚花型，紫色底、白色脉纹，柱头白色、边缘紫色，花直径约 12 cm，植株高 100 cm。

26. 初姬（Hatsu Hime）（一江豊一，
1989 年）

晚花型，六英花型，粉色，花直径约 15 cm，植株高 60 cm。20 世纪 80 年代，加茂花菖蒲园一江豊一作出一系列粉色系品种，除'初姬'外，还有'姬小町''姬街道''樱堤'和'樱祭'等。

27. 春之琴（Haru No Koto）（后藤昭三，育种年代不详）

中花型，三英花型，粉色底、上有紫色脉纹，花直径约 13 cm，植株高 100 cm。

28. 初生相（Hatsu Aioi）（育种信息不详）

极早花型，三英花型，垂瓣白色，旗瓣紫色，花直径约 12 cm，植株高 80 cm。

29. 初鸟（Hatsu Garasu）（加茂花菖蒲园，1991 年）

极早花型，六英花型，深紫色，花直径约 13 cm，植株高 60 cm。该品种为平尾秀一先生培育的'荣紫'与极早花型品种杂交选育的品种。

30. 初紫（Hatsu Murasaki）（伊藤东一，1953 年）

早花型，三英花型，垂瓣紫色、旗瓣淡紫色，花直径约 16 cm，植株高 80 cm。该品种花型、花色与'清少纳言'相似，而巨大的黄色花斑又与'翠映'类似。'初紫'很有可能是'清少纳言'亲本之一。伊藤东一先生所育的花菖蒲品种有着端正、柔和的花容，'初紫'正是如此。可见，花菖蒲如同艺术作品一样，糅合了育种者个人的喜好与情感。

31. 碧玉（Heki Gyoku）（加茂花菖蒲园，
1995 年）

中花型，六英花型，蓝紫色，花直径约 16 cm，植株高 60 cm。

32. 碧影（Hekiei）（育种
信息不详）

中花型，三英花型，蓝色、白色脉纹，柱头白色、顶端蓝色，花直径约 12 cm，植株高 100 cm。

33. 姬街道（Hime Kaidou）（一江丰一，
1989 年）

早花型，六英花型，粉红色，花直径约 15 cm，植株高 100 cm。

34. 北洋（Hoku You）（加茂花菖蒲园，
1996）

极早花型，六英花型，蓝紫色，花直径约 15 cm，植株高 60 cm。该品种繁殖能力较好。

35. 伊那岚（Ina Arashi）（加茂花菖蒲园，
1978 年）

中花型，三英花型，蓝色底、白色绞纹，花直径约
17 cm，植株高 100 cm。

36. 伊那小町（Ina Komachi）（育种
信息不详）

中花型，六英花型，白色、紫红色覆轮，花直径约
12 cm，植株高 80 cm。

37. 辉（Kagayaki）（加茂花菖蒲园，
1992 年）

中花型，三英花型，紫红色，边缘有不明显的白色
一轮，黄色花斑非常明显，花直径约 15 cm，植株
高 100 cm。

38. 晚加茂万里（Kamo Banri）（加茂元照，
育种年代不详）

晚花型，二英花型，白色底、浅紫色脉纹，花直径
约 13 cm，植株高 70 cm。

39. 雾峰（Kirigamine）（吉江清朗，
1975 年）

极早花型，三英花型，紫红色，花直径约 14 cm，植株高 100 cm。该品种由吉江清郎博士赠送给加茂花菖蒲园，后来由加茂花菖蒲园命名。

40. 红梅之熏（Koubai No Kaori）（吉江清朗，育种年代不详）

极早花型，三英花型，中花型，白色、紫红色覆轮，花直径约 12 cm，植株高 80 cm。

41. 小雪早生（Koyuki Wase）（育种信息
不详）

极早花型，六英花型，花纯白色，花直径约 10 cm，植株高 100 cm。

42. 小笹川（Kozasa Gawa）（平尾秀一，
1975 年）

中花型，三英花型，垂瓣浅紫上有蓝紫色脉纹，旗瓣和花柱蓝紫色，花直径约 14 cm，植株高 100 cm。该品种群体开放时清新动人且植株强健易于繁殖，因而保存至今。

43. 云井龙（Kumoiryu）（加茂花菖蒲园，1993年）

中花型，六英花型，紫色、白色脉纹，花直径约15 cm，植株高100 cm。该品种是'宇宙'与'雪千鸟'的杂交后代，其花茎柔弱，经历风雨后易下垂。

44. 黑部（Kurobe）（鲤艸乡花菖蒲园，育种年代不详）

中花型，三英花型，紫色，花直径约12 cm，植株高100 cm。

45. 松之所缘（Matsu No yukari）（育种信息不详）

晚花型，三英花型，白色、蓝紫色覆轮，柱头白色、顶端蓝紫色，花直径约12 cm，植株高80 cm。

46. 奥陆之路（Mitinokuji）（鲤艸乡花菖蒲园，育种年代不详）

晚花型，三英花型垂瓣粉紫色，旗瓣浅紫色，花直径约 12 cm，植株高 100 cm。

47. 红叶之舞（Momiji No Mai）（育种
信息不详）

中花型，六英花型，浅紫红色、边缘白色，砂子纹，柱头白色、边缘浅紫色红，花直径约 20 cm，植株高 100 cm。

48. 红叶之宴（Momiji No Utage）（加茂花
菖蒲园，育种年代不详）

极早花型，六英花型，紫红色砂子纹、边缘白色，柱头白色、顶端紫红色，花直径约 15 cm，植株高 80 cm。

49. 桃儿童（Momo Jidou）（育种信息不详）

中花型，三英花型，浅粉色，花直径约 10 cm，植株高 100 cm。

50. 桃霞（Momo Gasumi）（育种信息不详）

早花型，三英花型，粉色，花直径约 16 cm，植株高 80 cm。

51. 滩潮（Nadashio）（育种信息不详）

晚花型，六英花型，蓝紫色、白色脉纹，柱头白色、边缘蓝紫色，花直径约 14 cm，植株高 100 cm。

52. 濡燕（Nure Tsubame）（伊藤东一，1953 年）

中花型，六英花型，蓝紫色，花直径约 15 cm，植株高 100 cm。

53. 扇之的（Ogino Mato）（加茂花菖蒲园，1984 年）

中晚花型，三英花型，青紫色底、白色脉纹，旗瓣和柱头白色、边缘青紫色，花直径约 13 cm，植株高 70 cm。

54. 追风（Oikaze）（牧野善作，1970 年）

中花型，三英花型，垂瓣白色底、紫色脉纹，旗瓣蓝紫色底、边缘白色，花直径约 16 cm，植株高 100 cm。牧野善作先生个人偏好于植株较高的品种，'追风'是他的代表品种之一。

55. 乙女之梦（Otomenoyume）（育种信息不详）

早花型，三英花型，白色底、极浅蓝色，柱头白色、边缘浅蓝色，花直径约 10 cm，植株高 100 cm。

56. 连休白（Renkyu Shiro）（育种信息不详）

极早花型，三英花型，白色，花直径约 14 cm，植株高 70 cm。为品种'八岳'的自交后代。

57. 鲤草 1 号（Risoukyo No 1）（鲤艸乡花菖蒲园，育种年代不详）

中花型，三英花型，垂瓣蓝紫色、旗瓣紫色，柱头白色、边缘蓝紫色，花直径约 12 cm，植株高 100 cm。

58. 荣紫（Sakae Murasaki）（平尾秀一，1966 年）

早花型，三英花型，紫色，花直径约 16 cm，植株高 100 cm。

60. 潮骚（Siosai）（育种信息不详）

早花型，六英花型，浅紫色底、上有紫色脉纹，柱头白色、边缘浅紫色，花直径约 13 cm，植株高 80 cm。

59. 紫衣之誉（Shii No Homare）（加茂花菖蒲园，1983 年）

中晚花型，三英花型，深紫色，花直径约 16 cm，植株高 80 cm。

61. 辰野之青空（Tasuno No Aozora）（育
种信息不详）

早花型，六英花型，紫色，花直径约 15 cm，植株
高 100 cm。

62. 鹤城（Tsurugajho）（平尾秀一，
1979 年）

中花型，三英花型，纯白色，花直径约 15 cm，植
株高 100 cm。

63. 鹤详（Turushou）（鲤艸乡花菖蒲园，
育种年代不详）

晚花型，三英花型，垂瓣白色，旗瓣狭长，紫色，
花直径约 10 cm，植株高 100 cm。

64. 大水青（Oomizuao）（加茂花菖蒲园，
2005 年）

中花型，六英花型，蓝紫色，柱头白色、边缘浅蓝
色，花直径约 20 cm，植株高 100 cm。

65. 乙女峠（Otometouge）（清水弘，
1996）

中花型，三英花型，浅粉色，花直径约 13 cm，植株高 60 cm。

66. 乙若凡（Otowakamaru）（加茂花菖蒲园，1963~1978 年）

中花型，三英花型，红紫色、白色脉纹，柱头白色、边缘红紫色，花直径约 15 cm，植株高 80 cm。

67. 青岳城（Seigakujyo）（平尾秀一，
1969 年）

中花型，三英花型，蓝紫色，柱头白色、边缘浅蓝紫色，花直径约 16 cm，植株高 60 cm。

68. 白州（Shirasu）（加茂花菖蒲园，
2003 年）

晚花型，三英花型，纯白色，花直径约 15 cm，植株高 60 cm。

69. 白虹（Shiroi Niji）（育种信息不详）

早花型，三英花型，紫红色、白色覆轮，花直径约 14 cm，植株高 60 cm。

70. 沧园（Souen）（育种信息不详）

中花型，三英花型，紫红色、白色脉纹，柱头白色、顶端紫色，花直径约 12 cm，植株高 60 cm。

71. 苏紫（Souhou）（育种信息不详）

中花型，三英花型，蓝紫色，旗瓣紫色，花直径约 10 cm，植株高 60 cm。

72. 菅生川（Sugogawa）（加茂花菖蒲园，1993 年）

中晚花型，三英花型，蓝色、上有白色条纹，柱头白色、边缘蓝紫色，花直径约 16 cm，植株高 80 cm。花色与'碧云'类似。

73. 翠映（Suiei）（永田敏弘，1992 年）

中早花型，三英花型，浅粉色，旗瓣颜色略深，花直径约 16 cm，植株高 100 cm。该品种是平尾秀一先生所作'清少纳言'的实生苗。植株强健、繁殖性好，花姿高雅、美丽，广受好评。

74. 猿面冠者（Sarumenkanja）（育种信息不详）

中花型，三英花型，紫色、边缘白色，柱头白色、边缘浅紫色，花直径约 12 cm，植株高 80 cm。

75. 新袂镜（Shin-tamotokagami）（吉江清朗，1980 年）

早花型，六英花型，白色底、浅粉色覆轮，花直径约 13 cm，植株高 100 cm。

76. 诹访原城（Suwaharajyo）（加茂花菖蒲园，育种年代不详）

极早花型，三英花型，垂瓣浅蓝色，旗瓣蓝色，花直径约 14 cm，植株高 60 cm。

77. 茑之春（Tsuta No Haru）（鲤艸乡花菖蒲园，育种年代不详）

晚花型，三英花型，垂瓣白色，旗瓣浅紫色、白色覆轮，柱头白色、边缘浅紫色，花直径约 10 cm，植株高 100 cm。

78. 玉手箱（Tamatebako）（加茂花菖蒲园，1992 年）

晚花型，三英花型，垂瓣和旗瓣紫色，柱头白色，花直径约 15 cm，植株高 60 cm。

79. 若水（Waka Mizu）（清水弘，
1992 年）

晚花型，三英花型，浅蓝紫色绞纹，柱头白色、边缘浅蓝色，花直径约 15 cm，植株高 70 cm。

80. 梅衣（Umegoromo）（加茂花菖蒲园，
2003 年）

中花型，五英花型，浅紫色砂子纹，花直径约 14 cm，植株高 50 cm。

81. 薄衣（Usugoromo）（加茂花菖蒲园，
育种年代不详）

晚花型，三英花型，垂瓣浅紫色底、紫色脉纹，旗瓣紫色、边缘白色，花直径约 13 cm，植株高 100 cm。

82. 吉野之梦（Yoshino No Yume）（加茂
花菖蒲园，1982 年）

早花型，三英花型，花浅粉色，柱头白色、边缘浅粉，花直径约 16 cm，植株高 100 cm。

二、肥后系花菖蒲

（一）肥后古种

1. 青根（Aone）（育种信息不详）

中花型，六英花型，蓝紫色近蓝色，花直径约15 cm，植株高100 cm。

2. 玉洞（Gyokutou）（肥后古种）

中花型，三英花型，纯白色，花直径约16 cm，植株高50 cm。'玉洞'是肥后系育种初期的作品，其花容与江户系品种类似，花型较一般的肥后系品种简洁。第二次世界大战前，人们将花菖蒲的花容比作人的内心世界，那些姿态文雅、高洁的品种深受人们喜爱。人们将与'玉洞'花容相似的品种统称为'玉洞芯'，后人以'玉洞'为标准培育了多个白色系三英花品种。

3. 久方（Hisakata）（野田三郎八，明治时期）

晚花型，六英花型，深紫色近蓝色，花直径约18 cm，植株高100 cm。育种者野田三郎八为满月会成员之一。

4. 锦木（Nishikigi）（山崎贞嗣，1884年）

中花型，六英花型，蓝紫色底、白色绞纹，花直径约20 cm，植株高100 cm。育种者山崎贞嗣为满月会成员之一，也是肥后系小苔育种的开创者之一。

5. 苍茫之渡（Soubou No Watari）（育种者
不详，明治初期）

中花型，六英花型，蓝色底、白色条纹，柱头白色，花直径约 18 cm，植株高 80 cm。

6. 谁之袖（Tagasode）（育种
信息不详）

中花型，三英花型，紫色、白色绞纹，花直径约 12 cm，植株高 100 cm。

（二）肥后系现化品种

1. 蓝草纸（Aizoushi）（平尾秀一，
1969 年）

中花型，三英花型，蓝紫色，花直径约 16 cm，植株高 60 cm。该品种为'碧凤'的自交后代，可能含有伊势系品种的遗传基因。

2. 苇之浮舟（Ashi-no-ukibune）（育种信息不详）

晚花型，六英花型，白色，紫色脉纹，柱头紫色，花直径约 16 cm，植株高 60 cm。

3. 红樱（Beni Zakura）（光田义男，
1994 年）

中花型，六英花型，桃红色，花直径约 18 cm，植株高 50 cm，适合盆栽。光田义男获得的桃红色系花菖蒲品种多数繁殖能力较弱，但该品种适应性良好。

4. 儿化妆（Chigogesho）（世户东次郎，
1930 年）

中花型，六英花型，白色底、浅紫红色脉纹，花直径约 18 cm，植株高 100 cm。

5. 千鸟之群（Chidori No Mure）（育种信
息不详）

中花型，八重花型，极浅紫色近白色，花直径约 15 cm，植株高 80 cm。

6. 千早城（Chihayajoh）（平尾秀一，
1960 年）

中花型，六英花型，蓝紫色，花直径约 18 cm，植株高 60 cm。

7. 千早之昔（Chihaya No Mukashi）（平尾秀一，育种年代不详）

晚花型，八重花型，绀紫色，花直径约 18 cm，植株高 60 cm。

8. 大纳言（Dainagon）（加茂元照，1979 年）

中花型，六英花型，紫色，柱头白色、顶端紫色，花直径约 16 cm，植株高 80 cm。

9. 道中双六（Doutyu Sugoroku）（平尾秀一，20 世纪 30 年代）

晚花型，六英花型，青紫色底、白色条纹，花直径约 18 cm，植株高 60 cm。

10. 绘日伞（Ehigasa）（育种信息不详）

早花型，六英花型，紫色，上有紫色条纹，花直径约 18 cm，植株高 100 cm。

11. 源氏萤（Genjibotaru）（平尾秀一，
1970 年）

中花型，三英花型，紫色、白色绞纹，花质地较硬，花直径约 16 cm，植株高 60 cm。

12. 源三位（Gensanmi）（加茂花菖蒲园，
育种年代不详）

中花型，六英花型，紫色底、白色脉纹，柱头白色、顶端紫色，花直径约 15 cm，植株高 50 cm。

13. 变幻（Hengen）（育种
信息不详）

中花型，六英花型，紫色底、白色绞纹，花直径约 15 cm，植株高 80 cm。

14. 光源氏（Hikaru Genji）（光田义男，
1989 年）

中花型，六英花型，蓝紫色，花直径约 20 cm，植株高 60 cm。该品种花被片褶皱，花容豪华。

15. 姬镜（Hime Kagami）（平尾秀一，
1975 年）

中花型，六英花型，粉色，花被片波状，花直径约 16 cm，植株高 60 cm。早期的粉色系品种颜色较为暗淡，但‘姬镜’较为例外，常用作粉色系花菖蒲品种选育的亲本。

16. 姬小町（Hime Komachi）（加茂花菖蒲园，1987 年）

早花型，六英花型，粉色，花直径约 16 cm，植株高 60 cm。该品种是'姬镜'与'樱小町'的杂交后代。

17. 火之舞（Hi No Dezuru）（光田义男，1975 年）

中花型，六英花型，深桃红色，边缘白色，花直径约 12 cm，植株高 60 cm。该品种适合盆栽。

18. 雷丘（Ikazuti）（清水弘，1993 年）

早花型，三英花型，紫红色，柱头浅紫红色，花直径约 15 cm，植株高 70 cm。

19. 矶鹬（Iso Shigi）（加茂花菖蒲园，1995 年）

中花型，六英花型，白色、蓝紫色覆轮，花直径约 15 cm，植株高 100 cm。

20. 燎火（Kagaribi）（光田义男，1980 年）

晚花型，六英花型，浅粉色底、粉红色脉纹，柱头深桃红色，花直径约 16 cm，植株高 100 cm。该品种适应性较弱，适合盆栽。

21. 神乐狮子（Kagurajishi）（西田信常，
1929 年）

晚花型，八重花型，红紫色，花直径约 18 cm，植株高 80 cm。既然人们将花心比作人的内心，肥后系品种的柱头端正、突出。西田先生打破了这种格局，培育了八重花型的肥后系品种。在昭和初期，该品种新奇的花容引人注目，售价极高。

22. 狩衣（Karigoromo Higo）（育种
信息不详）

晚花型，三英花型，白色、紫红色覆轮，花直径约 15 cm，植株高 100 cm。紫红色覆轮系品种均是江户古花‘酒中花’的子代，因此该品种花容与江户系‘酒中花’相似。另外伊势系中也有名为‘酒中花’的品种，但两者花型、花色不同。

23. 红唇（Koushin）（光田义男，1959 年）

中花型，六英花型，白色、紫红色覆轮，花直径约 18 cm，植株高 80 cm。

24. 黑龙狮子（Kokuhu Jishi）（加茂花菖蒲
园，1992 年）

中花型，八重花型，浅蓝紫色，花直径约 12 cm，植株高 60 cm。

25. 云之驱波（Kumo No Kakenami）（西
田幾，育种年代不详）

晚花型，六英花型，纯白色，花直径约 18 cm，植
株高 60 cm。

26. 云井之雁（Kumoi No Kari）（押田成夫，
1965 年）

中花型，六英花型，白色底、红紫色覆轮，花直径
约 18 cm，植株高 80 cm。

27. 舞姬（Mai Ko）（育种
信息不详）

晚花型，六英花型，花白色、红紫色覆轮。花直径
约 15 cm，植株高 100 cm。

28. 满月之恋（Mangetsu No Koi）（光田义
男，1994 年）

晚花型，八重花型，纯白色，花直径约 18 cm，植
株高 100 cm。

29. 三原山（Mihara Yama）（光田义男，
年代不详）

中花型，六英花型，深紫红色，花直径约 15 cm，
植株高 50 cm。

30. 虹之羽衣（Niji No Hagoromo）（加茂花菖蒲园，2002 年）

中花型，八重花型，花白色、紫色覆轮，花直径约 20 cm，植株高 100 cm。

31. 野边之樱（Nobe No Sakura）（育种信息不详）

中花型，六英花型，粉色，花直径约 15 cm，植株高 60 cm。

32. 能舞（Noumai）（加茂花菖蒲园，1996 年）

早花型，六英花型，紫色、白色覆轮，花被片波浪形，花直径约 13 cm，植株高 80 cm。

33. 小野道风（Ononotofu）（光田义男，1968 年）

中花型，六英花型，浅紫色底、紫色脉纹，柱头严重瓣化，花直径约 18 cm，植株高 100 cm。

34. 大御所（Oogosho）（加茂花菖蒲园，1989 年）

中晚花型，六英花型，白色、边缘红紫色覆轮，花直径约 18 cm，植株高 50 cm。

35. 莺宿梅（Ousukubai）（光田义男，育种年代不详）

极晚花型，八重花型，白色底、紫色脉纹，花直径约 18 cm，植株高 100 cm。

36. 丽月（Reigetsu）（第二次世界大战前的品种，育种者与育种年代不详）

中花型，六英花型，白色、紫红色覆轮，花直径约 18 cm，植株高 70 cm。第二次世界大战前一个作者不明的品种，光田义男先生的几个红色覆轮花'七彩之梦'和'红唇'等紫红色覆轮品种均以'丽月'为亲本。

37. 西行樱（Saigyouzakura）（光田义男，1976 年）

早中花型，六英花型，桃红色，花直径约 16 cm，植株高 50 cm。'西行樱'是光田义男代表作品之一。

38. 樱丘（Sakuragaoka）（育种信息不详）

中花型，六英花型，紫红色底、白色沙，花直径约 16 cm，植株高 50 cm。

39. 樱奴（Sakura Yakko）（育种信息不详）

晚花型，六英花型，粉色，花直径约 15 cm，植株高 80 cm。

40. 三夕之感（Sanseki No Kan）（西田信常，1938 年）

中花型，六英花型，粉色，花柱白色、边缘粉色，花直径约 16 cm，植株高 60 cm。

41. 扇寿（Senjyu）（加茂花菖蒲园，1993 年）

晚花型，六英花型，蓝紫色底、白色脉纹，柱头白色、顶端蓝紫色，花直径约 18 cm，植株高 100 cm。

42. 朝日之雪（Shinasahi-no-yuki）（平尾秀一，1953 年）

晚花型，八重花型，红紫色底、白色脉纹，花直径约 12 cm，植株高 100 cm。

43. 新浜扇（Shin-hama-ougi）（加茂花菖蒲园，1995 年）

中晚花型，六英花型，蓝紫色底、白色脉纹，柱头白色、顶端浅紫色，花直径约 18 cm，植株高 100 cm。

44. 新泉（Shin-izumi）（育种信息不详）

早花型，六英花型，白色底、紫色脉纹，花直径约 15 cm，植株高 100 cm。

45. 真珠之海（Shinjyu No Umi）（光田义男，1969 年）

中花型，六英花型，白色底、紫色脉纹，柱头粉色，花直径约 15 cm，植株高 50 cm。

46. 新水色狮子（Shin Mizuiro Jishi）（加茂花菖蒲园，1996 年）

中花型，八重花型，浅青色，花直径约 18 cm，植株高 80 cm。

47. 新七彩之梦（Shinnairo No Yume）（光田义男，1990 年）

中花型，六英花型，白色、紫色覆轮，花直径约 18 cm，植株高 80 cm。

48. 祥瑞（Shouzui）（育种信息不详）

晚花型，六英花型，青色底、白色条纹，花直径约 15 cm，植株高 80 cm。

49. 凑花之香（Souka No-kaori）（光田义男，1961 年）

晚花型，六英花，浅蓝色底、砂子纹，花直径约 18 cm，植株高 100 cm。

50. 水天一色（Suiten Isshoku）（西田信常，1939年）

晚花型，三英花型，青紫色系，花直径约18 cm，植株高100 cm。

51. 月影（Tsukikage）（光田义男，1962年）

中花型，六英花型，白色底、浅紫色砂子纹，柱头严重瓣化、顶端紫色，花直径约18 cm，植株高50 cm。

52. 月之浜边（Tsukinohamabe）（光田义男，1968年）

中花型，六英花型，浅蓝色，花被片波浪形，花直径约18 cm，植株高70 cm。

53. 中善寺湖（Tyuzenjiko）（育种信息不详）

晚花型，八重花型，白色、紫色覆轮，花直径约15 cm，植株高100 cm。

54. 凉夕（Ryouseki）（育种信息不详）

晚花型，六英花型，花纯白色，花直径约13 cm，植株高100 cm。

55. 千姬樱（Senhime Zakura）（光田义男，
育种年代不详）

早花型，三英花型，粉色，花直径约 15 cm，植株
高 40 cm。

56. 雪烟（Yuki Kemuri）（育种
信息不详）

中花型，八重花型，白色，花直径约 15 cm，植株
高 100 cm。

三、伊势系花菖蒲

1. 安浓之乙女（Ano No Otome）（前田七
郎，1958 年）

早花型，三英花型，浅粉色底、粉色脉纹，花直径
约 13 cm，植株高 100 cm。

2. 青柳（Aoyagi）（前田七郎，育种
年代不详）

晚花型，三英花型，浅紫色砂子纹和白色脉纹，花
直径约 13 cm，植株高 100 cm。

3. 朝日空（Asahizora）（1904 年以前育出，具体信息不详）

早花型，三英花型，浅紫色、白色条纹，花直径约14 cm，植株高 60 cm。该品种为伊势系古花。

4. 麦秋（Bakushu）（育种信息不详）

极早花型，三英花型，花蓝紫色，柱头白色、边缘蓝紫色，花直径约 15 cm，植株高 60 cm。

5. 宝玉（Hougyoku）（伊势古种）

中花型，垂瓣浅蓝紫色，旗瓣紫色，花直径约12 cm，植株高 100 cm。

6. 白云（Hakuun）（育种信息不详）

中晚花型，三英花型，纯白色，花直径约 12 cm，植株高 100 cm。

7. 白仙（Hakusen）（育种信息不详）

早花型，三英花型，垂瓣白色，旗瓣和柱头白色，顶端浅紫色，花直径约 10 cm，植株高 70 cm。

8. 神路之誉（Kamiji No Homare）（加茂花菖蒲园，1980 年）

中花型，三英花型，蓝紫色，花直径约 16 cm，植株高 100 cm。该品种是'邪马台国'与'美浓寿'的杂交后代，植株强健，没有伊势系品种的纤弱特质。

9. 乱线（Midare-ito）（富野耕治，1959 年）

早花型，三英花型，垂瓣浅紫色、旗瓣粉色，花直径约 13 cm，植株高 50 cm。

10. 魁（Sakigake）（育种信息不详）

极早花型，三英花型，紫色，柱头白色、顶端紫色，花直径约 12 cm，植株高 60 cm。

11. 樱狩（Sakuragari）（育种信息不详）

中花型，三英花型，浅粉色，花直径约 12 cm，植株高 80 cm。

12. 真珠之波（Sinju No Nami）（育种信息不详）

三英花型，白色、紫色砂子纹，柱头白色，花直径约 12 cm，植株高 80 cm。

四、长井系花菖蒲

（一）长井古种

1. 朝日之峰（Asahi No Mine）（长井古种）

早花型，三英花型，纯白色，花直径约 10 cm，植株高 100 cm。

2. 出羽之水无月（Dewa De minadsuki）
（长井古种）

晚花型，三英花型，紫红色，花直径约 10 cm，植株高 100 cm。

3. 出羽娘（Dewa Musume）（长井古种）

中花型，三英花型，紫红色、白色脉纹，柱头白色、顶端紫红色，花直径约 9 cm，植株高 70 cm。

5. 萩小町（Hagi Komachi）（长井古种）

晚花型，三英花型，垂瓣和柱头极浅紫色，有浅紫色脉纹，旗瓣紫色，花直径约 10 cm，植株高 100 cm。

4. 藤之辉（Fujinokagayaki）（长井古种）

中花型，三英花型，垂瓣紫红色、白色脉纹，旗瓣和柱头白色、边缘紫红色，花直径约 10 cm，植株高 100 cm。

6. 叶山之雪（Hayama No Yuki）（长井古种）

晚花型，三英花型，纯白色，花直径约 8 cm，植株高 100 cm。

7. 郭公鸟（Kakko Dori）（长井古种）

晚花型，三英花型，垂瓣红紫色底、上有深紫色脉纹，旗瓣紫色、边缘白色，花直径约 10 cm，植株高 70 cm。

8. 绊乙女（Kasuriotome）（长井古种）

中花型，浓紫色，白色脉纹，旗瓣卵形，柱头浅紫色，花直径约 10 cm，植株高 100 cm。

9. 舞小町（Maiko Machi）（长井古种）

中晚花型，垂瓣白色底、紫色脉纹，旗瓣紫色、边缘白色，柱头白色，花直径约 10 cm，植株高 100 cm。

10. 三渊之流（Mihuchi No Nagare）（长井古种）

早花型，三英花型，浅紫色，花直径约 10 cm，植株高 100 cm。

11. 紫御前（Mura Sakigozen）（长井古种）

晚花型，三英花型，紫红色，花直径约 10 cm，植株高 100 cm。

12. 紫鹤（Murasakidsuru）（长井古种）

晚花型，三英花型，紫色，花直径约 12 cm，植株高 100 cm。

13. 紫萤（Murasakihotaru）
（长井古种）

晚花型，三英花型，垂瓣紫色，旗瓣和柱头白色、边缘紫色，花直径约 10 cm，植株高 100 cm。

14. 长井红千雨（Nagai Benichisame）
（长井古种）

晚花型，三英花型，浅紫色底、紫色脉纹，花直径约 10 cm，植株高 100 cm。

15. 长井古紫（Nagai Furumurasaki）
（长井古种）

晚花型，三英花型，垂瓣浅蓝紫色底、紫色脉纹，旗瓣紫色，花直径约 10 cm，植株高 100 cm。

16. 长井绗（Nagai Gasuri）
（长井古种）

晚花型，三英花型，浅紫色底、紫色脉纹，花直径约 10 cm，植株高 100 cm。

17. 长井初红（Nagai Hatsukurenai）
（长井古种）

中花型，三英花型，白色底、紫色覆轮，花直径约 9 cm，植株高 100 cm。

18. 长井胡蝶（Nagai Kochou）
（长井古种）

晚花型，三英花型，紫色，柱头浅紫色，花直径约 10 cm，植株高 100 cm。

19. 长井白（Nagai Shiro）（育种信息不详）

早花型，三英花型，纯白色，花直径约 10 cm，植株高 100 cm。

21. 野川之鹭（Nogawa No Sagi）（长井古种）

早花型，三英花型，垂瓣白色，旗瓣浅紫色，花直径约 7 cm，植株高 100 cm。

20. 野川之边（Nogawa No Atari）（长井古种）

晚花型，垂瓣浅青色、白色脉纹，旗瓣中心白色、边缘浅青色，柱头白色、顶端浅青色，花直径约 10 cm，植株高 100 cm。

22. 丽人（Reijin）（长井古种）

晚花型，三英花型，红紫色底、白色脉纹，花直径约 10 cm，植株高 100 cm。

23. 鹰之爪（Taka No Tsume）（长井古种）

中花型，三英花型，深紫色底、白色脉纹，爪开型，花被片先端不打开，花直径约 5 cm，植株高 50 cm。

24. 爪红之樱（Tsumabeni-no-sakura）（育
种信息不详）

中花型，三英花型，花浅紫色、上有白色脉纹，内
轮花被片白色，顶端浅紫色，柱头白色，花直径约
8 cm，植株高 80 cm。

25. 爪红（Tsumabeni）
（长井古种）

中花型，三英花型，整体白色，旗瓣顶端浅紫色，
花直径约 8 cm，植株高 120 cm。

26. 绸娘（Tsumugimusume）（长井古种）

早花型，三英花型，垂瓣浅紫色、紫色脉纹，旗瓣
紫色，花直径约 10 cm，植株高 100 cm。

27 鹤之舞（Turunomai）（长井古种）

晚花型，三英花型，垂瓣白色、浅紫色脉纹，旗瓣
紫色、白色覆轮，柱头白色、边缘浅紫色，花直径
约 10 cm，植株高 100 cm。

（二）长井系现代品种

1. 出羽之里（Dewa No Sato）（加茂花菖蒲园，1999 年）

中花型，三英花型，白色底、紫色条纹，旗瓣和柱头紫色，花直径约 8 cm，植株高 60 cm。

2. 郭公花（Kakoubana）（育种信息不详）

中花型，三英花型，蓝紫色，柱头白色，花直径约 12 cm，植株高 100 cm。

3. 北之虹（Kitanoniji）（育种信息不详）

早花型，三英花型，蓝紫色，花直径 12 cm，植株高 100 cm。

4. 湖边之波（Kohennonami）（育种信息不详）

中花型，三英花型，浅蓝色底、旗瓣紫色，花直径约 10 cm，植株高 100 cm。

5. 长井红杯（Nagai Benisakazuki）（育种信息不详）

极晚花型，六英花型，红紫色，花直径约 12 cm，植株高 80 cm。

6. 长井山紫水明（Nagai Sanshi-Simei）（加茂花菖蒲园，育种年代不详）

中花型，三英花型，紫色底、白色脉纹，花直径约10 cm，植株高100 cm。

7. 长井清流（Nagai Seirho）（加茂元照，育种年代不详）

早花型，三英花型，浅蓝色，花直径约6 cm，植株高100 cm。

8. 长井白泷（Nagai Shirataki）（育种信息不详）

中花型，六英花型，白色，花直径约10 cm，植株高100 cm。

9. 村祭（Mura Matsuri）（加茂花菖蒲园，1988年）

中花型，三英花型，浅紫色底、紫色脉纹，内轮花被片紫色，花直径约9 cm，植株高100 cm。

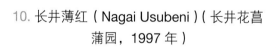

10. 长井薄红（Nagai Usubeni）（长井花菖蒲园，1997年）

早花型，三英花型，浅紫色底、白色脉纹，花直径约6 cm，植株高100 cm。

五、美国系花菖蒲

1. 双第一（Double First）

晚花型，六英花型，白色，花直径约 15 cm，植株高 80 cm。

3. 艺妓（Frakuld Geisya）

中晚花型，六英花型，白色、紫红色覆轮，并有砂子纹，花直径约 15 cm，植株高 100 cm。

2. 火焰（Fire Rika Riron）

晚花型，三英花型，蓝紫色，花斑周围颜色较深，花直径约 10 cm，植株高 100 cm。

4. 卡特丽娜（Greywoods Catrina）

中花型，六英花型，白色底、浅紫色脉纹，花直径约 15 cm，植株高约 80 cm。

第四章

花菖蒲育种技术

目前，花菖蒲新品种的获得主要通过人工杂交选育。花菖蒲常规育种方法简单易行，从杂交到开花也只需短短的两年时间，之后即可进行优良个体的选拔、繁殖与登录。因此，花菖蒲是一类适合育种专家和一般园艺爱好者来改良的植物。日本的鸢尾育种不同于西方国家：西方国家的育种者喜欢进行种间杂交，而日本的育种者则偏好于在同一种内进行选育。长期以来，花菖蒲新品种的获得几乎完全依赖于对玉蝉花种内自然突变体或变型进行杂交选育。而通过杂交选育所能获得的变异非常有限，这也是常规育种的局限。发展倍性育种、诱变育种和分子育种等非常规育种方法是花菖蒲未来的发展趋势。

第一节　花菖蒲育种目标

现有花菖蒲品种花色主要为白色、深浅不一的粉色、蓝色、紫色和蓝紫色，但缺乏真正的蓝色、红色和黑色。另外，复色系的花菖蒲品种较为有限。因此，就花色改良而言，获得蔚蓝色、火红色和漆黑色及复色系的花菖蒲品种是育种学家努力实现的目标。获得新的花式样或花型也是花菖蒲育种的方向之一，如花被片表面具有光泽、花斑形态变化或花被片数目不定等特征。

对于花菖蒲花期的改良有两个方面：选育获得在一年中反复开花的品种，培育早花型和晚花型花菖蒲品种以延长花菖蒲整体花期。日本的端午节从农历的五月初五改为新历的5月5日。鉴于花菖蒲在日本端午节节庆活动中扮演着重要角色，日本育种学家正致力于对极早花型品种的选育。

此外，随着全球气温升高和环境受损程度的增加，培育抵抗高温、抗污染能力或抗盐碱能力强的花菖蒲品种显得非常迫切。此外，培养抗病虫害能力强的品种也是花菖蒲育种的重要方向。

第二节 花菖蒲杂交育种方法

一、花菖蒲种内杂交选育

(一) 繁殖生物学特征

对于依赖种内变异进行选育的花菖蒲来说,自然生境下的花色、花型变异个体自始至终在花菖蒲育种中扮演着重要的角色。有一些优良的品种就是这些自然突变体的代表,包括'北野天使''出羽之姬君''陆奥之薄红''初山别''野川'等品种。自江户时代,日本育种者已开始利用这些自然变异进行有目的的选育,菖翁对大花、平开式花型的追求就是其中个案之一。但是种内变异毕竟有限,因此种间杂交倍性育种顺应而生,而新型的分子育种必将成为未来花菖蒲育种的发展趋势。

玉蝉花每花茎开2朵花,花期相差约5天。每朵玉蝉花具有3个传粉单元 (传粉通道),每个传粉单元由1枚雄蕊、1枚柱头、1枚外轮花被片和1枚内轮花被片组成 (图4-1)。雄蕊隐藏于反卷的柱头下方,这样可保护花粉免受雨水淋湿。另外,我们的观测结果显示玉蝉花具有雌雄蕊异熟的特性:花粉在花开放时即开始散出,而柱头在开花第1天并无可

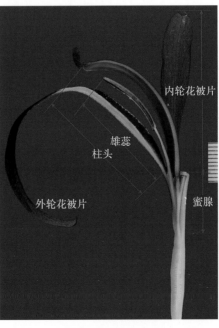

图 4-1 玉蝉花花结构

授性，直到第 2 天柱头才向外打开、可接受花粉。玉蝉花自然授粉过程如下。玉蝉花外轮花被片基部的黄色花斑相当于"花蜜指示器"指引传粉昆虫前来访花。为了吸取位于传粉通道底部的花蜜，传粉昆虫会钻入传粉通道底部，采蜜活动结束后传粉昆虫倒退出传粉通道。在此过程中传粉昆虫会沾染上大量花粉，这些花粉在下次访花中会被搬运至另一朵花的柱头上而完成授粉（肖月娥等，2010）。而人工杂交育种原理就是人为替代传粉者将父本花粉授至母本柱头上。

在进行玉蝉花人工杂交选育前要了解以下基本原则。首先，要权衡自然虫媒授粉与人工授粉的利弊。大部分花菖蒲品种在自然状态下较易结实，这意味着利用自然结实的种子即可进行品种改良。但通过这种方式获得的品种多为三英花型。六英花型或八重花型的花柱或雄蕊严重瓣化，对于这些品种的选育必须采用人工杂交的方法（McEwen，1990）。相比自然虫媒授粉方式，人工授粉不受场地和时间的限制。同时，要注意大多数花菖蒲品种在遗传上都不稳定，品种间获得 F_2 代往往会发生性状分离。即便如此，我们仍然可以获得少量与优良亲本类似的子代。品系间的"杂交优势"与品系内的"近交衰退"的规律同样适用于花菖蒲的选育，因此品系间的杂交一般成功率较高。最后，选择亲本时要注意区分显性遗传性状和隐性遗传性状，如单瓣和花期较早为显性遗传，而粉色花则为隐性遗传（一江丰一，1998）。

（二）育种方法

花粉保存是打破品种间花期不遇的有效方法。如果花粉只需保存 1~2 天，可以将花药直接放置于胶囊壳（内含硅胶）或信封袋中。当保存时间较长时则需要更为精细的保存方法。McEwen（1990）建议将花药置于干燥的环境中数小时后转移至刺有小孔的胶囊壳或信封袋中，再将这些胶囊壳或信封放置于铺有无水氯化钙（厚度 2.5 cm）或其他干燥剂的容器中，于低温条件下其花粉活力可保持数周，如果保存于超低温条件下花粉活力则可保存数月之久。Yabuya（1983）将花菖蒲花粉分别放置于丙酮或经丙酮处理后的 $CaCl_2$ 中进行保存，结果表明在 $-20℃$ 条件下经 12 个月后两种处理下的花粉活力仍与新鲜花粉活力相同（Yabuya，1983）。而保存于 $CaCl_2$ 中的花粉放置于 $0℃$ 和 $25℃$ 下分别经 6 个月和 3 个月后花粉活性就完全丧失。孟令辉等（2012）研究发现干燥有利于玉蝉花花粉保存，低温有利于减缓玉蝉花花粉活力下降，在 $-196℃$ 下保存 270 天后花粉萌发率仍与新鲜花粉萌发率无异。

获得花粉后就可以进行人工授粉了。在开花前将带有黄色花斑的外轮花被片摘除，这样传粉者因无法寻找到目标就会大大降低传粉概率，这种方法的优点是不用套袋。如果无须取得父本完全准确的杂交种子，也可在开花第 1 天柱头未完全张开时就进行授粉，这样大部分胚珠都会与人工所授花粉完成受精。后一种方法对花无损害，也会提高授粉成功率。

人工授粉的具体方法是用镊子或牙签将一个品种的花粉放置到选定母本的柱头上。如果在开花第 1 天进行授粉，注意要将柱头撑开以推入花粉。授粉完成后，在花茎上挂上标签，注明授粉日期、父母本以及授粉对象是同一花茎上哪朵花。

种子在人工授粉后 50~60 天即具备一定的发芽能力，而在授粉 80~90 天后即完全成熟。玉蝉花为顶端开裂，种子不易散落。但接近果实成熟时仍然需要经常观察，以防止种子被风吹落或经雨水淋湿后直接在果实中发芽。果实颜色由绿色转为黄褐色时可将果实与标签一同摘收。

秋季采收后即可进行播种，也可将种子低温层积至次年春天进行播种（肖月娥等，2010）。秋播的种子发芽不整齐、发芽率不高，新萌发的幼苗易遭遇低温，但秋播方式延长了植株生长期从而能使花期提前。如果采用春播则会延迟植株开花。因此，较好的办法是在温室或塑料大棚中进行秋播。播种介质可采用没有肥力的椰糠或草炭，覆土深度以刚好盖住种子为宜。在种子萌发前要注意保持介质湿润。

待小苗长到真叶 3~5 枚、株高 5~10 cm 后移栽至口径约 5 cm 的小盆中。根系长满后就可进行定植。定植后就参照普通的养护管理，等待次年开花。

当实生苗开花时，开始对花色、花型和生长势进行选拔。选出新的花色、花型作为新品种登录的备选，也可用作下一轮杂交的亲本。

二、花菖蒲与其他鸢尾种杂交育种

既然花菖蒲新品种的获得是通过种内选育获得，因而所能获得的变异极为有限（McEwen，1990）。将玉蝉花与其他鸢尾种（尤其是近缘种）进行种间杂交则可能获得更多的遗传变异或新的花色。玉蝉花与其他多种鸢尾种间杂交不亲和（Tomino，1963；Sakurai and Tomino，1969；Yabuya and Yamagata，1980a，1980b）。尽管如此，育种学家在玉蝉花与其他鸢尾种的杂交育种上做了许多有益的尝试。

花菖蒲的花色较为丰富，有白色、粉色、紫色、蓝紫色和蓝色。尽管所有花菖蒲品种外轮花被片基部都具有一个黄色花斑，但一直没有黄色系的花菖蒲品种，这成为很多育种学家渴望实现的目标之一。人们首先想到将花菖蒲与其近缘种黄菖蒲（*I. pseudacorus* L.）杂交以获得开黄色花的花菖蒲品种。日本大杉隆一博士是第一个作此尝试并获得成功的人。1962 年，他得到了第一批杂交后代开花，将其命名为'爱知之辉'（'Aichi no Kagayaki'）。这个品种具有花菖蒲的花型、黄菖蒲的花色，难能可贵的是这个品种还是可育的。1971 年，上木先生获得了第二个杂种，将其命名为'金星'（'Kinboshi'）。

清水弘博士在 1993 年开始将花菖蒲和黄菖蒲进行杂交，后来他成为这个杂种品系最为有名的育种者。1993~1995 年，清水弘博士从英国鸢尾协会和北美鸢尾原种协会获得了黄菖蒲的种子。1996~1998 年，清水弘将几个花菖蒲品种的花粉混合后对黄菖蒲进行授粉，获得了杂交后代 'Gubijin'。尽管 'Gubijin' 是非整倍体，但幸运的是这个杂交后代也是可育的。次年春天，这些 F_1 代种子有一半成功萌发，其幼苗具有两个典型特征：部分 F_1 代种子在果实未采摘时就会萌发；F_1 代开具有黄色花斑的白花，这意味着 'Gubijin' 拥有白花的基因型。1999 年，他继续将 'Gubijin' 与不同花色或花式样的花菖蒲进行杂交。两年后，他获得了 1200 粒种子。随后他又在萌发获得的近 300 株幼苗中获得了 20 个优株，经过筛选获得了 '白山吹' 和 '日夜野' 等品种。因为这些品种垂瓣上黄色花斑周围有一轮紫黑色晕圈，好似女孩子的眼影，因此清水弘将它们命名为 "眼影鸢尾"。

目前，日本加茂花菖蒲园和鲤艸乡花菖蒲园正在积极开展花菖蒲与黄菖蒲种间育种工作。通过育种家的不懈努力，现在日本国内已选育 100 多个品种，但是这些品种中大多数繁殖能力较弱或花色、花型变异不大而被淘汰。目前，能真正面向市场的眼影鸢尾品种不足 30 个。

Yabuya 和 Yamagata（1980b）研究发现胚乳退化是玉蝉花与燕子花正反交杂交种胚败育的主要原因。20 世纪 80 年代，加茂花菖蒲园取得了花菖蒲与燕子花的杂交成功，获得 '新世纪'（'Shin Seiki'）和 '平成'（'Heisei'）（图 4-2）2 个品种。Shimizu 等（1999）采用体细胞杂交方法成功获得了花菖蒲与德国鸢尾的杂交后代。Inoue 等（2006）获得了路易斯安那系 *I. fulva* 的四倍体与花菖蒲的杂交后代。这些成功暗示着花菖蒲与远缘种间杂交的可能性。在未来，发展花菖蒲与其他鸢尾种之间的杂交仍然是花菖蒲育种的一个重要方向。

图 4-2 平成（Heisei）（育种
信息不详）

中花型，六英花型，蓝紫色，黄色花斑狭长、显现，花直径约 12 cm，植株高 100 cm。

三、花菖蒲与黄菖蒲的杂交品种

1. 爱知之辉（Aichi No Kagayaki）（大杉隆
一，1962 年）

早花型，三英花型，浅黄色，叶片浅绿色，花直径
约 10 cm，花期植株高 50 cm，花后植株高 100 cm。
繁殖性状优良。

2. 金星（Kinboshi）（植木久晴，
1971 年）

中生型，三英花型，浅黄色，叶片浅绿色，花直径
约 8 cm，花期植株高 50 cm，花后植株高 100 cm。
繁殖性状优良。

3. 金鸡（Kinkei）（加茂花菖蒲园，1987 年）

早花型，三英花型，黄色，旗瓣柱头带黄褐色，上
有黑色脉纹，花直径约 8 cm，植株高 100 cm。繁
殖性能良好。

4. 地奥之黄金（Michinoku Kogane）（鲤
艸乡花菖蒲园，1996 年）

早花型，三英花型，明黄色，花直径约 11 cm，植
株高 100 cm。繁殖性状优良。

5. 花月夜（Hanazukiyo）（加茂花菖蒲园，
1988 年）

早花型，三英花型，白色，柱头浅黄色，黄色花斑
周围有紫色　圈，花直径约 9 cm，植株高 100 cm。
适应性良好。

6. 小夜之月（Sayo-no-tsuki）（加茂花菖蒲园，1984 年）

中花型，三英花型，浅紫色，黄色花斑周围有紫色一圈，花直径约 6 cm，本品种植株矮小，花期植株高 30 cm，花后植株高 50 cm。

7. 小夜萤（Sayobotaru）（加茂花菖蒲园，育种年代不详）

中晚花型，三英花型，浅紫色、黄色花斑周围有深紫色晕圈和紫色脉纹，旗瓣和柱头乳黄色，花直径约 5 cm，植株高 60 cm。

8. 新世之辉（Shinyono-no-kagayaki）（加茂花菖蒲园，2001 年）

晚花型，三英花型，深紫色，黄色花斑周围有紫色晕圈，花直径约 15 cm，植株高 100 cm。该品种是'初穗'与一个未知四倍体花菖蒲杂交的后代。

9. 白山吹（Shiroyamabuki）（清水弘，1990 年）

中花型，三英花型、基本特征与'爱知之辉'相似，但花色近白色，柱头乳白色，花斑周围有紫色脉纹，花直径约 6 cm，植株高 80 cm。

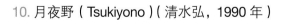

10. 月夜野（Tsukiyono）（清水弘，1990 年）

中花型，三英花型，浅紫色，花直径约 11 cm，植株高 70 cm。

第三节　花菖蒲倍性育种

目前，四倍体育种仍然是花菖蒲倍性育种的主要方式。与二倍体花菖蒲相比，四倍体花菖蒲叶片和花茎更为高大，叶片颜色也更深，通常为墨绿色。四倍体的花物质含量较二倍体高，因此四倍体花菖蒲的花更大，抵抗刮风或下雨等恶劣天气的能力更强。育种学家在花菖蒲四倍体育种上付出了不懈努力。1957~1960年，德国育种家 Steiger 和 Fay 及日本育种学家 Misuda 等做了大量的试验，但均未获得可育的四倍体花菖蒲。1960年，McEwen 从 Fay 那里学会了如何将染色体进行加倍的方法，在1979年他终于获得了第一个四倍体花菖蒲品种 'Raseberry Rimmed'。此后，四倍体育种方法在花菖蒲育种中开始风靡。20世纪90年代，大批的育种者加入其中，包括日本的加茂元照、平尾秀一和光田义男，以及德国的 Berlin，美国的 Copeland 等（McEwen，1997）。花菖蒲的四倍体育种方法有生长点滴液法与露白种子浸润法两种，具体可以参考胡永红和肖月娥（2012）的操作流程。

倍性育种在一定程度上克服种间杂交不亲和性。早在20世纪70~80年代，日本学者利用胚培养方法成功获得了燕子花与花菖蒲的杂交后代（Yabuya and Yamagata，1975，1980b；Yabuya，1983）。Yabuya（1984）研究发现这些杂交后代败育，但是将它们的染色体加倍后可获得双二倍体（amphidiploids）。双二倍体再与四倍体花菖蒲正反交可获得异源四倍体（allotetraploid），异源四倍体可用作花菖蒲品种选育的桥梁（Yabuya 1991）。Yabuya 等（1989）发现三体花菖蒲（$2n = 25$）的3条独立染色体部分同源，而正常二倍体花菖蒲（$2n = 24$）所有染色体同源。Yabuya 等（1992）采用非整倍体品种 'Ochibagoromo' 与正常二倍体品种 'Shishinden' 进行杂交，检验了花菖蒲的非整倍性是可遗传的。不同倍性的花菖蒲品种之间存在染色体变异，并且这种变异是由于易位造成的（Yabuya *et al.*，1997）。三体花菖蒲常出现于伊势系中，其观赏性状优良，长期以来一直用作亲本，现已选育获得多个非整倍体品种（清水弘，2007）。这些双二倍体、异源四倍体和非整倍体在花菖蒲育种的作用有待挖掘。

第四节　花菖蒲花色基因工程育种

花色基因工程是指在分子遗传的基础上通过基因抑制内源基因或导入外源基因对观赏植物的特定性状进行定向修饰而不丢失原有其他性状，进而改变花色、缩短育种进程，获得遗传性状稳定的新花色（徐纪尊等，2006）。鸢尾花色主要由两条生化合成途径决定：类胡萝卜素途径主要调控黄色、橙色和粉色，而花青素途径主要调控蓝色、紫色和栗色（Jeknić et al.，2014）。现代花菖蒲品种中以蓝紫色系居多，通过对花菖蒲花色素组成成分和合成路线的研究，可以为花菖蒲花色改良或其他蓝色系花卉的育种提供依据。

Yabuya（1994）首次在花菖蒲中发现了芍药花色苷（peonidin 3RGac5G）与矢车菊花色苷（cyanidin 3RGac5G）两种新的花色苷，两者可用于培育红色和洋红色品种。Yabuya 等（1997）通过研究发现蓝紫色花菖蒲品种主要花色素包括矮牵牛色素（petunidin 3RGac5G）、飞燕草色素（delphinidin 3RGac5G）和锦葵色素（malvidin 3RGac5G）及助色素为异牡荆碱（isovitexin）。并且 0.1 mmol/L 锦葵色素、0.07 mmol/L 矮牵牛色素和 0.7 mmol/L 异牡荆碱混合液的吸收光谱值与直接测定蓝紫色花菖蒲品种外轮花被片的吸收光谱值一致，证实花菖蒲的蓝紫色是由这些花色素与助色素共同作用而成（Yabuya et al.，1997）。他们还发现飞燕草色素中异牡荆碱的含量更高。因此，提高助色素异牡荆碱的含量或找到更为有效的飞燕草色素与其他黄酮类物质的组合可能获得真蓝色系花菖蒲和其他蓝色系花卉。在开花进程中，花菖蒲中蓝紫色品种褪色较红紫色品种慢，其原因是蓝紫色品种花被片中的异牡荆碱提高了花色苷的稳定性（Yabuya et al.，1997）。此外，同源四倍体花菖蒲品种（Yabuya，1991）的花色与其亲本相似，但锦葵色素和矮牵牛色素在异源四倍体和亲本花菖蒲中的含量比分别为 2∶1 和 1∶1（Yabuya and Noda，1998）。Yabuya 等（2001）通过研究发现了几种新的花色苷，并将花菖蒲所有花色素分为 16 类。之后，他们又开始探讨花色苷生物合成途径与相关功能基因的研究（Yabuya et al.，2002）。

此外，自然界缺乏红色系的鸢尾，并且通过常规育种方法难以实现，获得红色系的鸢尾一直是育种学家努力实现的育种目标之一。近年来有育种学家借助基因工程育种方法对鸢尾花色进行了改良，并获得了成功。Jeknić 等（2014）在卷丹辣椒红黄素 - 辣椒红素基因（capsanthin-capsorubin synthase from Lilium lancifolium，Llccs）转座子调控下将成团泛菌（Pantoea agglomerans）的茄红素合成基因（phytoene synthase gene，crtB）转入开粉花的有髯鸢尾 Iris 'Fire Bride' 中。最后所获得的转基因植株的子房（绿色转为橘色）、花茎（绿色转为橘色）和花柱颜色（白色转为粉色）均发生了改变，但其花色却无明显变化（Jeknić et al.，2014）。

遗憾的是，目前仍未有关于花菖蒲分子育种成功的研究报道。但是有髯鸢尾中取得的初步成功将推动人们对花菖蒲及其他鸢尾属植物开展分子育种。

第五章

花菖蒲栽培技术

栽培技术的好坏会直接影响花菖蒲植株生长发育和开花质量。本章介绍了花菖蒲的生长习性、分株移栽方法和周年养护要点等内容。最后，我们还介绍了近年来较为流行的花菖蒲盆景制作方法。

第一节　花菖蒲种植地准备

自然生境中，玉蝉花的适应范围非常广，在亚热带北缘至俄罗斯东西伯利亚寒温带地区均有分布。McEwen（1990）建议在北美地区适合花菖蒲栽培的气候带为 zone4–zone10（年最低温分别为 −34.4~4.4℃）（http://planthardiness.ars.usda.gov/PHZMWeb/）。这些信息意味着花菖蒲在亚热带至寒温带地区都可栽植。在北海道北部地区和西伯利亚地区冬季气温可低至 −35℃甚至 −45℃，因此玉蝉花生长所能耐受的低温可能较 McEwen（1990）所建议的最低温还要低。2010 年，华南植物园从上海辰山植物园成功引种花菖蒲，表明花菖蒲可在亚热带地区栽培。

花菖蒲为喜光照植物。在花菖蒲种植区域，每天光照时数不得低于 6 h，否则将影响植株开花。因此，一般在花菖蒲种植区要避免栽种高大乔灌木。花菖蒲是喜湿类鸢尾属植物，但不同生长阶段需水量不一致。在分蘖萌发至花芽形成阶段，长期积水反而会导致花菖蒲新的分蘖芽或花芽腐烂。而在花芽形成至开花前，花菖蒲需水量增大，此段时间地表可保持约 5 cm 厚度的积水。

花菖蒲喜生长在有机肥或泥炭等有机质丰富的土壤中。增加有机质含量可改良土壤结构，提高土壤水肥保持能力。对于土壤板结、肥力较差的盐碱土可增施腐熟的动物粪肥，也可采取秸秆还田的方式。汪成忠等（2016）研究发现秸秆还田量 80 m³/667 m² 泡水 15 天和 160 m³/667 m² 泡水 30 天后提高了土壤脲酶、蔗糖酶和过氧化氢酶活性，促进了土壤细菌、真菌、放线菌数量的增长。但是秸秆还田的方式不会增加土壤肥力，因此在花菖蒲生长旺季需要追施复合肥以满足其生长需求。

与其他大多数鸢尾属植物不同，花菖蒲对土壤酸碱性要求较为严格，其栽培土壤 pH 一般控制在 5.0~6.5（McEwen，1990）。2013~2014 年，我们在上海崇明东滩湿地公园（pH 为 8.3）进行了花菖蒲、路易斯安那鸢尾和西伯利亚鸢尾 3 类鸢尾耐盐碱对比试验，结果表明花菖蒲耐盐碱能力弱于其他两类鸢尾，具体表现为叶片发黄、植株矮小和开花量减少。当土壤 pH 过高时，可在土壤中增施适量的农用硫磺或硫酸亚铁。在花菖蒲栽培过程中切忌施用骨粉或石灰等碱性肥料或化合物。

第二节 花菖蒲分株繁殖技术

花菖蒲地栽时一般每隔 3 年需分株一次，而盆栽时则每年分株一次，否则易导致病虫害滋生和品种退化。在分株前，需要了解花菖蒲生长习性：花菖蒲在冬季（12 月～次年 1 月）和夏季（7~8 月）会休眠，2~3 月发芽，4 月和 9~10 月为植株生长旺盛期，5~6 月为开花期。为了避开休眠期，可选择在开花后至酷暑前（6 月下旬至 7 月上旬）或秋季在进入霜冻前（9~10 月）进行花菖蒲分株。

花菖蒲分株具体操作步骤如下：将植株全株挖起，轻轻敲打掉根茎上附带的土壤。再剪除枯萎的老叶，并将叶片修剪至 15~20 cm。用手按照 1~2 株一股掰开来。这里所指 1 株是花芽 1 个、叶子 2 片或花芽 1 个、叶子 4 片。尽量不要分得过细，否则易伤害植株。

在移栽前先将根茎浸泡在水中数小时直到根部完全湿润。在展示区可将 3~5 株栽植为一丛，栽植深度为 5~7.5 cm，每株间距约 10 cm，每丛间距 40~50 cm。在一般的生产区则可采用单株种植，每株间距约 25 cm。为了促进新的根系萌发，要尽量避免将几个芽紧密栽植于一处。栽植结束后需浇透定根水，并且在新移栽后的 7~10 天内必须每天浇灌。待植株定根后，可在地表铺盖 5~10 cm 厚度的园艺常用覆盖物。这样既可防止水分蒸发，也可抑制杂草的生长。新移栽植物切忌施肥，否则易导致烧苗。

也可选择大小合适的容器对花菖蒲进行盆栽，同样要避免植株之间过分拥挤。建议每株栽植容器盆径在 16 cm。栽植结束后将盆栽搁置于浅水里以浸湿栽培基质。但在夏季炎热时要避免水温上升导致根部腐烂。

除分株繁殖外，花菖蒲也可采用播种或组织培养两种方式进行繁殖。有性繁殖方式常常会导致花菖蒲性状分离，因此这种方式常用于育种。Yabuya（1991）建立了以花菖蒲花茎作为外植体的组培快繁体系。Boltenkov 等（2005）研究发现花菖蒲愈伤组织停止生长与愈伤组织中黄酮类物质起到的抑制作用有关。

第三节　花菖蒲周年养护管理

上海地区，花菖蒲周年养护重点如下所述。若在其他地区，则要根据当地气候条件做相应的调整。

1月：冬季是花菖蒲休眠期。枯叶和杂草是病虫害越冬之处，这时应集中进行防治。一般将花菖蒲枯萎的地上部分进行修剪、除草，之后集中进行烧毁。同时，施用适量的化学药剂来杀死越冬的虫卵。这段时间保持土壤不要过于干燥即可。

2月：这时将植株拔起可以看到根茎顶端已开始萌发新根系，但地上部分仍未萌动。此段时间应该注意灌水保持土壤湿润，以防止干旱和冻害。

3月：2月下旬地上部分开始萌动，3月开始有分蘖长成。3月上旬至中旬，应开始施用有机肥，并注意防治刚刚出现的杂草和病虫害。同时，随着幼苗的增长要注意培土。

4月：叶片进入迅速生长期。带3枚或5枚叶片的植株，其最后一枚叶片为花茎叶。因此，要特别防止害虫啃食此片叶子。可以采取药物或者人工摘除的方法防除鸢尾虫害。4月中旬施用一次复合肥，同时注意灌水。

5月：植株平均高约80 cm时，花芽已分化完成。注意观察叶色，当叶色偏黄则表明肥力不够，需要继续追施复合肥。在上海地区，有少数品种在5月上旬开始开花。

6月：在上海地区，花菖蒲盛花期为5月下旬至6月上旬。花开败后需要人工剪除残花，以防止养分过分消耗。同时将盆栽花菖蒲移置室内阴凉处，防止花茎折断和花朵被晒伤。

7月：一般选择在7月上旬进行分株。分株时间不宜过晚，以避开高温期。

8月：注意灌水以降低土壤温度，并注意给7月移栽的植株施用一次复合肥。

9月：继续灌水。9月中旬可施用缓效复合肥或菜籽油糟粕等肥料，有利于次年植株开花。本月也可以进行分株。

10月：水肥管理在10月仍然非常重要，建议在这个月施用缓释肥。

11月：植株需水量下降，但要注意防止土壤极端干燥。11月中旬左右，叶片开始枯萎。在营养条件较好的情况下，植株叶片的绿期可以延长。

12月：停止浇水，并注意防止7月分株的幼苗受到冻害。

第四节　花菖蒲盆景制作技术

1930年，东京地区的一川保夫逐渐发展起来一种矮生型花菖蒲盆栽技术。一川保夫在直径约 30 cm、深度为 3 cm 的容器中栽植 10~20 株花菖蒲，次年这些植株可以开出 7~15 朵花。这种盆栽展示方式非常注重叶、花的形态及植物与容器的和谐，如青森县鲤艸乡花菖蒲盆景作品（图 5-1）。很明显这种栽培方式是受到了盆景艺术的启发。江户系或伊势系中那些植株矮小的品种适合这种栽培方式，如'翠映''观楼''影法师''清少纳言''徒然草'和'深海之星'等。

花菖蒲盆景的制作一般在 7 月下旬至 9 月上旬开始进行。首先准备一个容器，深约 1.5 cm、直径约 30 cm 的圆盘，其中央有孔，塑料、石质或陶制等质地均可。在加入介质前先将小孔用胶带堵住，然后用针在胶带上戳上几个小孔，便于透水透气。

在圆盘中铺上赤玉土和原土的混合栽培介质。由盆中央向外围开始栽植，种植密度可参考直径为 30 cm 的圆盆种植 10 株。栽植后在表面覆盖一层赤玉土进行固定，然后加入固体油饼肥 15~20 粒。在当年 10 月、11 月、12 月和次年 3 月每月需要进行施肥，以满足花芽分化的需要。

将盆栽置于室外光照充足的地方越冬，保持土壤相对干燥，约半个月浇一次水即可。春季随着新芽出土施用油饼肥 15~20 粒。在幼苗生长期保持土壤湿润。

图 5-1　青森县鲤艸乡花菖蒲园的花菖蒲盆景作品

第六章

花菖蒲应用

如果说樱花是春天的代表，那么花菖蒲就是初夏的象征，两者都是和风洋溢的植物。花菖蒲秀美的株形、淡雅宜人的花色和清新脱俗的花容使它赢得了全世界园艺学家与花卉爱好者的青睐。花菖蒲常用于主题花园、水景和花境等不同绿化形式中，也可用作盆栽展示。此外，花道、画作、屏风、刺绣和陶器等日本传统艺术作品也常以花菖蒲为题材。

第一节　花菖蒲园

花菖蒲园是花菖蒲最为常见也是最为重要的应用形式。多数花菖蒲园以花菖蒲收集与展示为目的，还有一些花菖蒲园则兼顾育种与经营的功能。花菖蒲园的规划、营建与维护可从科学性与艺术性两个方面考虑。

一、花菖蒲园营建

(一) 选址与规划

花菖蒲园的选址对于整个园区可持续发展极为关键。在自然生境中，花菖蒲喜生长在光照和水肥充足的沼泽地、湿地和草甸中。日本的花菖蒲园在造园上多施法自然，将花菖蒲园建造于山谷，比如伊豆市修善寺虹之乡花菖蒲园、东京明治神宫御苑花菖蒲园、富山县赖成花菖蒲园和兵库县播州山崎花菖蒲园等。虹之乡花菖蒲园四面被群山、绿树和冷色调八仙花环绕，地势自东向西缓缓倾斜，左右两侧宽约 50 m，长约 200 m，展示花菖蒲品种 300 多个，环境清幽（图 6-1）。

但是，多数情况下花菖蒲园不得不建于平原甚至闹市中。这时我们则需要勘察规划区域内和周围的环境，避免遮光过度影响花菖蒲正常生长与开花。花菖蒲在苗期至开花前需水量巨大而冬季却需要控水，因此在花菖蒲园的整体规划上要做好灌溉和保水设施。在日本南部和中部地区，花菖蒲园内通常会用沟渠将展示区与水源之间相联通，这样既有利于水分调控，同时流动的水也可减少病虫害滋生（图 6-2）。

图 6-1　伊豆市虹之乡彩虹花菖蒲园

图 6-2　花菖蒲园水循环系统

在花菖蒲园规划中，还需要重点考虑的一个问题是园区道路设置。为了适合游人赏花，主道一般宽 90~120 cm，辅道宽 60~90 cm，有时为了方便养护车辆通行可以将主道拓宽至 150 cm。道路一般高于花菖蒲栽培苗床约 30 cm。每个展示区面积可大可小，但面积不宜过小、数量不宜过多，否则将影响整体视觉效果。

在日本，有些花菖蒲园会在初夏举办夜赏花菖蒲的活动，如大宰府花菖蒲园、山田池公园花菖蒲园和新谷花菖蒲园等。光影交错的花菖蒲园流光溢彩，亦真亦梦，温馨浪漫（图 6-3）。因此，在园区规划中可增加路灯的设计，这时需要从艺术效果、照明舒适度和节能环保等多方面进行综合考虑。

花菖蒲园中应设置各类科普铭牌以方便游客了解花菖蒲的文化、发展历史和栽培技术等。值得一提的是，花菖蒲品种名富有诗情画意，而且大多数能反映品种的

图 6-3　光影交错下的花菖蒲

观赏特性，是花菖蒲赏花文化的重要组成部分。在日本，花菖蒲园内一般采用木质铭牌，其古朴的特质与花菖蒲的花容更相吻合。

（二）植物配置

高大、华丽的有髯鸢尾通常适合独株展示，而秀美、清新的花菖蒲则更适合单丛展示。每丛花菖蒲行间距约 50 cm，单丛拥有分蘖数 20~30 个、开花 10~15 朵。间距过小无法显现花菖蒲叶丛的秀美，并且密不透风的栽植方式也易导致病虫害滋生。可以将同一个花菖蒲品种栽植成一排，其方向可以与道路平行，由近至远植株依次递高。也可将成排的花菖蒲品种与道路垂直，这时需要掌握每一个品种的花期，使不同品种的开花时间在同一展示区内均匀错开。长井花菖蒲园则别出心裁地将每排花菖蒲与道路呈 30°~45° 进行栽植，游客经过时感觉美丽的花菖蒲迎面而来（图 6-4）。为了延长花菖蒲园的整体花期，在园区内还可以栽植少量有髯鸢尾、西伯利亚鸢尾和路易斯安那鸢尾等其他鸢尾类群。

日式园林植物配置的精髓讲究层次分明、形式简洁。在花菖蒲园园区周围可以配置少量乔木和开花型灌木，这样既可以挡风，也可以增加视觉上的层次感。但是乔、灌木栽植区与花菖蒲展示区需要保持一定的距离，以满足花菖蒲生长、开花的最少日照时间。在展示区中心位置则要避免栽植高大的乔木。花菖蒲园以花菖蒲为主景植物，可以在松、

图 6-4　长井花菖蒲园成排的花菖蒲与道路呈 45° 栽植

红枫、紫藤、马醉木、杜鹃、牡丹、芍药和八仙花等植物中再选择 1~2 种作为点睛植物。植物的总体色调应该淡雅、和谐，切忌植物种类繁杂、色相过多而喧宾夺主。为了提增园区的整体效果，花菖蒲园中常常会点缀一些日式园林小品，如凉亭、水车、瀑布、喷泉、洗手钵和石灯等。

二、花菖蒲园赏析

在日本，大大小小的花菖蒲园已超过 150 个，可以说花菖蒲是拥有专类园数量最多的草本植物。在此重点介绍 7 个花菖蒲园以供参考。

（一）明治神宫御苑花菖蒲园

明治神宫是位于东京涩谷区代代木的神社，供奉有明治天皇（1912 年去世）和昭宪皇太后（1914 年去世），是日本神道的重要神社。御苑花菖蒲园始建于明治二十六年（1893年），最初是明治天皇为昭宪皇太后栽植。御苑内最初收集花菖蒲品种 48 种，后来又陆续在东京近郊崛切葛饰区进一步收集江户系品种。该园现有花菖蒲品种数约 150 种，保存了'仙人洞''九十九发'和'都之熏'等多个菖翁名品。整个花菖蒲园被绿树苍山环绕，潺潺溪水流淌，意境古雅、静谧（图 6-5）。

图 6-5 东京明治神宫御苑花菖蒲园

（二）东京堀切花菖蒲园

东京堀切花菖蒲园位于东京都葛饰区堀切村（图6-6）。关于该园的来历有两种说法，一种说法是在室町时代，堀切村地头久保寺胤夫派家臣宫田将监前往陆奥国（今日本东北地区福岛县一带）郡山市安积沼收集花菖蒲（图6-7）。另一种说法是在江户时代，普通百姓小高伊左卫门因个人喜好赴各地收集花菖蒲品种进行栽培。堀切花菖蒲园是江户时代"江户百景"之一，为江户时期东京地区的花菖蒲名所，常常出现于纪行文、铃木春信和

图 6-6　东京堀切花菖蒲园

图 6-7　位于现在郡山市的安积沼遗址

歌川广重的浮世绘作品中。第二次世界大战前，崛切地区有武藏园、吉野园、小高园和崛切园等花菖蒲园，除堀切花菖蒲园以外其他花菖蒲园都在第二次世界大战时被废除。1959年该园被东京政府收购并对外开放，1975年移交葛饰区管理至今。

现在的堀切花菖蒲园占地7 000余平方米，推土建成假山，缀以飞石、树木和石灯等，景致丰富。园区展示花菖蒲品种200余种，珍藏有'醉美人''十二单衣''天女之冠''鹤鹊楼''七福神''长生殿''神代之昔''紫衣之雪''黑云''玉宝莲''仙女之洞''五湖之游''鹤之毛衣''霓裳羽衣''湖水之色'和'笑布袋'等江户古种。

（三）沼泽公园花菖蒲园

沼泽公园花菖蒲园位于东京市足立区，最早这里是野生花菖蒲生长的沼泽地而得名。整个园区占地28 000 m²。花菖蒲园以高大乔木和紫藤长廊为背景，所处位置低于园区地面约60 cm（图6-8）。游人站立于主栈道上可俯视花菖蒲，也可走上辅栈道近距离赏花。该园现有品种数约140种，分为5个展示区，每个区域展示1~4年株龄不等的花菖蒲，最佳观赏期为6月上旬至中旬。园区内还设置有瀑布和水车等园林小品，使它在喧嚣的闹市独显一份悠闲、和谐之美。

图6-8　东京足立沼泽公园花菖蒲园

（四）加茂花菖蒲园

加茂花菖蒲园的前身是桃山时代加茂家族作为封建领主的庄园。在这里保存了大量江户时期的珍贵历史资料，其中包括一封与德川家康（当时滨松地区的封建领主，后建立德川幕府）的书信。现在这些资料已移交给日本国家文献研究中心，被称为"加茂家族文献"。据地方史料记载，庆长九年（1604年）加茂家族是远洲佐野郡桑地村地主。在江户末年，加茂家族的实力达到最大，并在挂川领主的支持下充当了地方金融机构的角色。但在明治维新时期随着地方领主的势力解散，加茂家族由于坏账问题走向了衰落。第二次世界大战结束后，由于土地改革制度，加茂家族中大部分领地都被日本政府收回，其家业也几乎被摧毁一空。在桃山时代，加茂庄园中就栽植了花菖蒲用以美化庭院。在明治时期至第二次世界大战前，这里的花菖蒲数量逐渐增多（图6-9）。1955年，他们开始经营花菖蒲园，在此期间还对加茂庄园进行了修复，此后加茂家族得以复兴。

每年6月，远处的连绵群山与近处的日式庭院、满塘的花菖蒲融为一体，犹如一幅巨大的七彩画卷。花菖蒲的倒影映照在澄澄碧水中，更显其娴静、清秀之美。游人还可以走上栈桥或田间小径近距离赏花，平添许多乐趣（图6-10）。现在的加茂花菖蒲园收集、展

图6-9 昭和十年（1935年）加茂庄园门前水田边的花菖蒲

图 6-10　加戊花菖蒲园

图 6-10 （续）

示花菖蒲品种超过 1 500 种，并仍在不断地选育新品种。自 2010 年至今加茂花菖蒲园选育的花菖蒲新品种就有 30 余种，如'新峰紫''原里''银之月''夜之波''青水景''京丸樱'与'江姬'等蓝紫色、粉色系和覆轮系品种。除花菖蒲外，加茂花菖蒲园还致力于八仙花、球根秋海棠、日本樱草、伊势抚子、苦苣苔和尼润石蒜等园艺植物的选育与展示。

（五）长井花菖蒲园

长井花菖蒲园位于山形县长井地区，建于明治四十三年（1910 年），该园一开始主要收集来自长井和萩生等地私人庭院中栽植的野生花菖蒲。当时的萩生是一个繁华的城下町，居住在这里的人非常喜爱花菖蒲，将山野中的花菖蒲栽植于庭院中。在花菖蒲盛开的时节，人们会一边饮清酒一边赏花菖蒲，萩生也因此成为当时文人收集、栽培与欣赏花菖蒲的好去处。

现在的长井花菖蒲园占地 33 000 m²，整体上视野开阔、壮观（图 6-11）。园区内点缀的少量日本松、廊桥、小型喷泉、凉亭、石灯笼和仿古路灯使景观更富有层次感，远处高大遒劲的日本松、古朴的日式凉亭和萦绕耳边的日本名歌又给人以深邃、清远之感。

目前，长井花菖蒲园收集、展示花菖蒲品种 500 余种，保存了'朝日之峰''郭公

图 6-11　长井花菖蒲园

鸟''小樱姬''日月''爪红''出羽娘''长井小町''长井小紫''野川之鹭'和'三渊之流'等34个长井古种。同时，长井系花菖蒲园还自主选育了'绫姬''薄衣''贵妇人''恋紫''古都之梦''涟漪''紫音'和'稚儿车'等数个长井系品种。

（六）鲤艸乡花菖蒲园

鲤艸乡花菖蒲园位于青森县十和田市，建于昭和六十三年（1988年）。在花菖蒲园建成后又增设了芍药园、鲁冰花园和山野草园等专类植物园及自然体验区。花菖蒲园四周种植了乔灌木作为背景，展示区无过多的植物点缀，风格整洁、清新（图6-12）。也有以日式建筑为背景的花菖蒲展示区，风格则古朴、典雅。

目前，鲤艸乡花菖蒲园总计收集花菖蒲品种约600种，盛花期为6月下旬至7月中旬。近年来，鲤艸乡花菖蒲园重点开展了在花菖蒲与黄菖蒲的杂交育种工作，获得了'旭鹭''远州滩''黄波''黄扬羽''不明''金丸''金沙江''娟之道''紫云龙'和'高天之原'等近20个眼影鸢尾新品种。另外，他们还选育了一批花色、花型新颖的品种，如绛红色的'陆奥山坡'、深蓝紫色的'陆奥天空'、藕色的'陆奥路'、紫黑色的'陆奥星'及四英花型的'陆奥小町'等。

图6-12 青森县十和田市鲤艸乡花菖蒲园

图 6-12　青森县十和田市鲤艸乡花菖蒲园（续）

（七）上海辰山植物园鸢尾园

上海辰山植物园鸢尾园始建于 2010 年，总占地面积约 2 000 m²，与蕨类植物园、水生植物园、湿生植物园和王连池呈岛屿状分布于辰山植物园南湖。鸢尾园主要展示花菖蒲、路易斯安那鸢尾和西伯利亚鸢尾等湿生型的鸢尾园艺类群，其中花菖蒲展示区约占1 000 m²。辰山鸢尾园展示区东高西低旱阶梯式分布，每级阶梯间落差在 40 cm。整个园区细分为 20 个小的展示区，每个展示区面积在 15~20 m²，每个品种栽植方向与道路平行。

为了有利于排水和保持园区整洁，园区内所有道路均采用硬质铺装，这有别于日本花菖蒲园采用自然式栈桥或田埂作为道路。园内除点缀少量金叶六道木作为花篱外，再无过多其他植物配置，以凸显花菖蒲之盛景。辰山鸢尾园总共展示花菖蒲品种 200 余个，花期为 5 月上旬一直延续到 6 月中旬，适逢江南的雨季。在初夏花菖蒲盛开时节，整个园区成了一座色彩缤纷、美丽迷人的小岛（图 6-13）。

图 6-13 上海辰山植物园花菖蒲盛景

第二节　水景中的花菖蒲

花菖蒲可用于湖泊、池塘、溪流和喷水池等各类自然或人工水体景观中。在规划与设计以花菖蒲为主题植物的水景时要注意水体深度的全年变化情况。尽管花菖蒲喜湿，但在幼苗萌发时要注意控水，苗期至开花前也不宜长期被水淹没，日常水深不要超过 15 cm，否则易导致植株发育不良并影响开花。

花菖蒲在水景中的应用形式不拘一格，既可与其他水生植物配置展示，也可沿着岸线小面积片植。例如，美国鲍威尔植物园将燕子花栽植于水边使得整个岸线生机勃勃（图6-14）。上海植物园则将花菖蒲展示于曲桥两侧和湖岸，移步换景，与周围的绿水、树木和拱桥等相应成趣（图6-15，图6-16）。

在一些小型的人工水体中通常采用盆栽展示的方式，这种展示方式相对灵活，养护

图 6-14　美国鲍威尔植物园（Powell Botanical Garden）群植的燕子花

图 6-15　上海植物园湖岸边的花菖蒲

图 6-16　上海植物园曲桥边的花菖蒲

图 6-17　英国皇家植物园水体中的的花菖蒲盆栽

管理也较为简便。将盆栽花菖蒲沉入小型的水体中，笔直的叶丛和优雅的花朵，会让整体景观变得生动，富有灵气（图 6-17）。而日本福冈县大宰府天满宫的花菖蒲池塘是以花菖蒲为主题植物来营造水景的典范。天满宫的花菖蒲仅有 40 种，但其展示形式却独具匠心。整个花菖蒲池塘绿树环抱，盛开的花菖蒲与水中的倒影交相呼应，初夏时节满池的花菖蒲成为了该园绝美的景色。江苏省常州圩墩遗址公园将花菖蒲栽植于花箱中，再将花箱沉入小型的池塘中，画面错落有致，充满雅趣（图 6-18）。

　　上海植物园利用盆栽水生植物组合展现了花菖蒲在家庭园艺小型水体景观中的应用。选择'蓼之上''长井小紫''初紫'和'长井白'等植株高大、开白色或紫色花的花菖蒲品种。为了避免喧宾夺主，与花菖蒲配置的其他水生植物则以观叶型或小花型的挺水植物为主，包括菖蒲（*Acorus calamus* L.）、香蒲（*Typha orientalis* Presl）、水葱（*Scirpus validus* Vahl）、莎草（*Cyperus rotundus* L.）、狐尾藻（*Myriophyllum verticillatum* L.）、梭鱼草（*Pontederia cordata* L.）和千屈菜（*Lythrum salicaria* L.）等。也使用了少量的迷你型睡莲（*Nymphaea* sp.）和大漂（*Pistia stratiotes* L.）等浮叶植物，以增加小型水体景观的韵律和节奏感。此外，水箱中放置的青蛙、鸭子和蜻蜓等体量较小的园林小品使整个小型家庭水景妙趣横生。亲水平台沿岸设置的雾森系统，更使整个迷你水景花园犹如仙境，引人入胜（图6-19）。

　　花菖蒲是日式园林造景的重要素材。密苏里植物园日本园中的花菖蒲则沿着曲折的栈桥两侧进行展示，每个展示区面积约2 m²，简洁、生动，让游人流连忘返（图6-20）。日本伊豆市修善寺虹之乡公园的日本庭院将花菖蒲独丛栽植于石灯旁，在古松、红枫的映衬下如同古刹般的肃穆清静（图6-21）。

图6-18　常州圩墩遗址公园花菖蒲池塘

图 6-19　花菖蒲在家庭园艺小型水景中的应用

图 6-20　密苏里植物园日本园中的花菖蒲

图 6-21　日本伊豆虹之乡日式庭院中的花菖蒲

第三节　盆栽花菖蒲及其他

　　花菖蒲除用于专类植物园和水景中，还可直接用作盆栽展示或用于花境景观营造中。日本在江户时代就已培育出肥后系花菖蒲专供室内观赏，盆栽展示一直是花菖蒲重要应用形式之一，可用于专门的花菖蒲展或庭院美化。在日本有些地方至今仍然会举办室内欣赏盆栽花菖蒲的活动，展出的品种也已不仅限于肥后系。盆栽花菖蒲所选容器的材质以暗沉的咖啡色或黑色紫砂花盆为佳，其质朴的风格更能凸显花菖蒲的清新。为了使整个盆栽看起来更为精致，可以采集一些新鲜的苔藓覆盖在粗糙的盆栽介质上。上海植物园将花菖蒲盆栽放置于柔和的灯光下进行展示，在浅绿色纱帐的映衬下显得格外柔美，游客可以近距离欣赏每一朵花菖蒲（图6-22）。或者将花菖蒲盆栽放置在传统

图 6-22　上海植物园盆栽花菖蒲展

的月门后，写意式露出三五朵花菖蒲，背景则是尾形光琳传世名画《燕子花图屏风》，虚实结合，使人有犹入梦境之感（图6-23）。

　　江户时代，菖蒲与花菖蒲开始被大量用于武士的盛大庆典活动。花菖蒲和燕子花因其特有的典雅之美而成为了日本花道常见素材之一，并且常常混用。1785年，五大坊卜友所著的《燕子花百瓶图式》是一本专门以燕子花为题材的花道图谱，书中所绘花器包括竹筒、竹篮或瓷瓶等，其重点是表现自然、含蓄、素雅之美，该书可谓燕子花或花菖蒲花道的经典之作。至现代，花菖蒲和燕子花常用于东方式插花艺术中，这些作品意境深远，花姿柔美，色彩淡雅，线条流畅，犹如一场花的筵宴（图6-24）。画作、陶瓷、服饰和邮票等艺术作品或生活用品也常以花菖蒲为题材，其风格则更为多变。

图6-23　中国传统月门中写意的花菖蒲，背景为尾形光琳（1658~1716年）的
《燕子花图屏风》

图 6-24 　花菖蒲花艺作品

参考文献

中文文献

白伟宁，张大勇．2014.植物亲缘地理学的研究现状与发展趋势．生命科学，26(2): 125–137.

陈小勇．2000.生境片段化对植物种群遗传结构的影响及植物遗传多样性保护．生态学报，20: 884–892.

何飞．2006.日本的植被类型．四川林业科技，27:38–41.

胡永红，肖月娥．2012.湿生鸢尾——赏析、栽培及应用．北京：科学出版社．

孟令威，毕晓颖，郑洋．紫花鸢尾花粉萌发及贮藏性研究．2012, 28(28): 192–197.

孙逸．2012.东亚特有濒危植物黄山梅的亲缘地理学与群体遗传学研究．浙江大学博士学位论文．

肖月娥，周翔宇，田旗，等．2010.玉蝉花繁殖生态学研究．云南植物研究，32 (2): 93–102.

文亚峰，Uchiyama K，韩文军，等．2013.微卫星标记中的无效等位基因．生物多样性，21: 117–126.

汪成忠，胡永红，周翔宇，等．2016.水稻秸秆还田对崇明盐碱地土壤酶活性和微生物数量的影响．干旱区资源与环境，(8): 132–138.

徐纪尊，王丽辉，潘庆玉．2006.观赏植物花色基因转化的研究进展．中国农业科技导，8(5): 56–60.

赵国帅，王军邦，范文义，等．2011.2000~2008 年中国东北地区植被净化初级生产力的模拟及季节变化．应用生态学报，22(3): 621–630.

章皖秋，李先华，罗庆州．2003.基于 Rs、cIs 的天目山自然保护区植被空间分布规律研究．生态学杂志，22(6): 21–27.

赵毓棠．1985.中国植物志 16 卷．北京：科学出版社．

日文文献

加茂元照．1997.あやめ語源考．日本花菖蒲協会第 25 号会报．

清水弘．2007.北野天使と遺伝子侵食．日本花菖蒲協会第 35 号会报．

清水弘．2013.花菖蒲の園芸改良品種分類表をまとめました．日本花菖蒲協会第 41 号会报．

田中信一．1999.伊勢ハナショウブの歴史．日本花菖蒲協会第 24 号年报．

田渊俊人．2013.花菖蒲の成立の基となった野生種のノハナショウブの分類と、その遺伝資源としての価値．日本花菖蒲協会第 41 号年报：3–5.（日文）

一江豊一．1999.花菖蒲品種改良の実際（その一）．日本花菖蒲協会第 26 号会报．

永田敏弘．1997.現代に残る菖翁花．日本花菖蒲協会第 24 号年报．（日文）

永田敏弘．2006.「花菖蒲」と漢字で書くことの意味．日本花菖蒲協会第 34 号年报．（日文）

永田敏弘．2007.色分け花図鑑花菖蒲．学習研究社出版．日本東京．（日文）

英文文献

Arnold ML. 2000. Anderson's paradigm: Louisiana Irises and the study of evolutionary phenomena. *Molecular Ecology*, 9: 1687-1698.

Aizawa M, Yoshimaru H, Saito H, et al. 2007. Phylogeography of a northeast Asian spruce, *Picea jezoensis*, inferred from genetic variation observed in organelle DNA markers. *Molecular Ecology,* 16: 3393-3405.

Andrew PS. 2002. Conservation biology. Cambridge: Cambridge University Press.

Austin C. 2005. Irises: A Gardener's Encylopedia. Portland: Timber Press.

Arnaud-Haond S, Belkhir K. 2007. GENCLONE: a computer program to analyse genotypic data, test for clonality and describe spatial clonal organization. *Molecular Ecology Notes*, 7: 15-17.

Bech N, Boissier J, Drovetski S, et al. 2009. Population genetic structure of rock ptarmigan in the 'sky islands' of French Pyrenees: implications for conservation. *Animal Conservation*, 12：138-146.

Bohonak AJ. 2002. IBD (Isolation By Distance): A program for analyses of isolation by distance. *Journal of Heredity*, 93: 153-154.

Boltenkov EV, Rybin VG, Zarembo EV. 2004. Specific Features of Cultivation of *Iris ensata* Thunb. Callus Tissue. *Applied Biochemistry and Microbiology March*, 40(2): 206-212.

Boltenkov EV, Mironova LN, Zarembo EV. 2007. Effect of phytohormones on plant regeneration in callus culture of *Iris ensata* Thunb. Izv Akad Nauk Ser Biol. (5): 539-44.

Colwell RK, Brehm G, Cardelus CL, et al. 2008. Global warming, elevational range shifts and lowland biotic attrition in the wet tropics. *Science*, 322: 258-261.

Cornuet JM, Luikart G. 1996. Description and power analysis of two tests for detecting recent population bottlenecks from allele frequency data. *Genetics*, 144: 2001-2014.

Davidson BL. 1980. The paired species of irises III. Bull. Amer. Iris Soc. , 237: 22-26.

Di Rienzo A, Peterson AC, Garza JC, et al. 1994. Mutational processes of simple-sequence repeat loci in human populations. *Proceedings of the National Academy of Sciences*, 91: 3166-3170.

Evanno G, Regnaut S, Goudet J. 2005. Detecting the number of clusters of individuals using the software STRUCTURE: a simulation study. *Molecular Ecology*, 14: 2611-2620.

Glenn TC, Schable NA. 2005. Isolating Microsatellite DNA Loci. *In*: Elizabeth AZ, Eric HR, *Methods in Enzymology*. New York: Academic Press: 202-222.

Goudet J. 2001. FSTAT, a program to estimate and test gene diversities and fixation indices (version 2. 9. 3). Available from http://www. unil. ch/popgen/softwares/fstat. htm. [2017-7-3]

Galanin AX. 2006. Securing Protection of Rare and Endangered Plants in the Russian Far East. 3(2). BGCI. http://www. bgci. org/index. php option=com_article&id=0513&print=1[2017-7-3]

Hampe A, Petit RJ. 2005. Conserving biodiversity under climate change: the rear edge matters. *Ecology Letters*, 8, 461-467.

Hamrick JL, Godt M. 1996. Philosophical Transactions: Biological Sciences Plant Life Histories: Ecological Correlates and Phylogenetic Constraints. *Philosophical Transactions of the Royal Society of London Series B-biological Sciences*, 351: 1291-1298.

Heuertz M, Fineschi S, Anzidei M, et al. 2004. Chloroplast DNA variation and postglacial recolonization of common ash (*Fraxinus excelsior* L.) in Europe. *Molecular Ecology*, 13: 3437-3452.

Hu XS, Ennos RA. 1999. Impacts of seed and pollen flow on population differentiation for plant genomes with three contrasting modes of inheritance. *Genetics,* 152: 541-552.

Inoue K, Kato T, Nobukuni A, et al. 2006. Characterization of tetraploid plants regenerated via protoplast culture of *Iris fulva* and their crossability with japanese irises. *Scientia horticulturae*, 110(4): 334-339.

Jekni Z, Jekni S, Jevremovic SB, et al. 2014. Alteration of flower color in *Iris germanica* L. 'Fire Bride' through ectopic expression of phytoene synthase gene (*crtB*) from *Pantoea agglomerans*. *Plant Cell Rep*, 33(8):1307-1321.

Kimura M, Ohta T. 1978. Stepwise mutation model and distribution of allelic frequencies in a finite population. *Proceedings of the National Academy of Sciences*, 75: 2868-2872.

Kouichi I, Tomomi K, Asami N, et al. 2006. Characterization of tetraploid plants regenerated via protoplast culture of *Iris fulva* and their crossability with japanese irises. *Scientia horticulturae*, 110(4):334-339.

Kuribayashi M, Hirao S. 1970. The Japanese *Iris*: Its history, varieties and cultivars. Tokoyo: Published for the Japan Iris society by Asahi Shimbun Publishing Co.

Lawrence G. 1953. A reclassification of the genus *Iris*. Gentes Herbarum, 8: 3466-3471.

Lu HP, HH Wagner, Chen XY. 2007. A contribution diversity approach to evaluate species diversity. *Basic and Applied Ecology*, 8: 1-12.

Mathew B. 1981. The *Iris*. New York: Universe Books.

McEwen C. 1990. The Japanese *Iris*. Hanover: Published for Bradeis University Press by University Press of New England.

Miller MH. 1998. Financial markets and economic growth. *Journal of Applied Corporate Finance*, 11: 8-15.

Meerow AW, Gideon M, Kuhn DN, et al. 2007. Genetic structure and gene flow among south Florida populations of *Iris hexagona* Walt. (Iridaceae) assessed with 19 microsatellite DNA loci. *International Journal of Plant Sciences*, 168: 1291-1309.

McCarty JP. 2001. Ecological consequences of recent climate change. *Conservation Biology*, 15: 320-331.

McEwen C. 1990. The japanese iris. Handover: Boston: Published for Brandeis University Press by University Press of New England.

Nei M. 1987. Molecular evolutionary genetics. Cloumbia: Columbia University Press.

Nei M. Maruyama T, Chakraborty R. 1975. The bottleneck effect and genetic variability in populations. *Evolution,* 29: 1-10.

Nybom H. 2004. Comparison of different nuclear DNA markers for estimating intraspecific genetic diversity in plants. *Molecular Ecology*, 13: 1143-1155.

Ohshima K. 1990. The history of straits around the Japanese islands in the Late-Quaternary. *Quatary Research*, 29: 193-208 (in Japanese with English abstract).

Peakall R, Smouse PE. 2006. GENALEX 6: genetic analysis in Excel. Population genetic software for teaching and research. *Molecular Ecology Notes*, 6: 288-295.

Pritchard JK, Stephens M, Donnelly P. 2000. Inference of population structure using multilocus genotype data. *Genetics*, 155: 945-959.

Petit RJ, Aguinagalde I, de Beaulieu J-L, et al. 2003. Glacial refugia: hotspots but not melting pots of genetic diversity. *Science*, 300: 1563-1565.

Petit RJ, Duminil J, Fineschi S, et al. 2005. Invited review: comparative organization of chloroplast, mitochondrial and nuclear diversity in plant populations. *Molecular Ecology*, 14: 689-701.

Pradyumna K, Gilbreath PD. 2005. Japan in the 21st century. University Press of Kentucky: 18-21, 41.

Piry S, Luikart G, Cornuet JM. 1999. BOTTLENECK: a program for detecting recent effective population size reductions from allele data frequencies. *Journal of Heredity*, 90: 502-503.

Qi XS, Chen C, Comes HP, et al. 2012. Molecular data and ecological niche modelling reveal a highly dynamic evolutionary history of the East Asian Tertiary relict *Cercidiphyllum* (Cercidiphyllaceae). *New Phytologist*, 196: 617-630.

Qi XS, Yuan N, Comes HP, et al. 2014. A strong'filter'effect of the East China Sea land bridge for East Asia's temperate plant species: inferences from molecular phylogeography and ecological niche modelling of *Platycrater arguta* (Hydrangeaceae). *BMC Evolutionary Biology*, 14: 41.

Ryder OA. 1986. Species conservation and systematics: the dilemma of subspecies. *Trends in Ecology & Evolution*, 1: 9-10.

Sakurai, O, Tomino K, 1969. Studies of *Iris* breeding. I. Crossing ability between *Iris* species involving *I. ensata* thunb. var. *ensata. Japan J. Breed*, 19 (Suppl. 1): 151-152 (in Japanese).

Sakaguchi S, Qiu YX, Liu YH, et al. 2012. Climate oscillation during the Quaternary associated with landscape heterogeneity promoted allopatric lineage divergence of a temperate tree *Kalopanax septemlobus* (Araliaceae) in East Asia. *Molecular ecology*, 21: 3823-3838.

Selkoe KA, Toonen RJ. 2006. Microsatellites for ecologists: a practical guide to using and evaluating microsatellite markers. *Ecology Letters*, 9: 615-629.

Shimizu K, Miyabe Y, Nagaike H, et al. 1999. Production of somatic hybrid plants between *Iris ensata* Thunb. and *I. germanica*. L. Euphytila, 107(2): 105-113.

Shin HT, Yi MH, Shin JS, et al. 2012. Distribution of Rare Plants- Ulsan, Busan, Yangsan. Journal of Koren Nature, 5(2): 145-153.

Tomino K, 1963. Studies on the genus *Iris* in Japan especially cytotaxonomy of the genus and breeding of *Iris ensata* Thunberg. *Bull. Lib. Art. Dep. Mie Univ*, 28: 1–59 (in Japanese with English summary).

Weir BS, Cockerham CC. 1984. Estimating *F*-statistics for the analysis of population structure. *Evolution,* 38: 1358-1370.

Wilson CA. 2009. Phylogenetic relationships among the recognized series in *Iris* section *Limniris*. *Systematic Botany*, 34: 277-284.

Wilson CA. 2011. Subgeneric classification in *Iris* re-examined using chloroplast sequence data. *Taxon,* 60: 27-35.

Xiao YE, Liu M, Hu YH, et al. 2012. Isolation and characterization of polymorphic microsatellites in *Iris ensata* (Iridaceae). *American Journal of Botany*, 99(12): 498-500.

Xiao YE, Jiang K, Tong X, et al. 2015. Population genetic structure of *Iris ensata* on sky-islands and its implications for assisted migration. *Conservation Genetics*, 16: 1055-1067.

Yabuya T, Yamagata H. 1975. Breeding of the interspecific hybrids in *Iris*. I. F1 plants obtained by embryo culture in the cross *I. laevigata* Fisch. × *I. ensata* Thunb. *Japan. J. Breed*, 25 (Suppl. 2): 82-83 (in Japanese).

Yabuya T, Yamagata H. 1980a. Pollen-tube growth, fertilization and ovule development in reciprocal crosses between *Iris ensata* Thunb. and *I. pseudacorus* L. *Japan J. Breed*, 30 (Suppl. 1): 168–169 (in Japanese).

Yabuya T, Yamagata H. 1980b. Elucidation of seed failure and breeding of F1 hybrid in reciprocal crosses between *Iris ensata* Thunb. and *I. laevigata* Fisch. *Japan J. Breed*, 30: 139–150.

Yabuya T. 1983. Pollen storage of *Iris ensata* Thunb. in organic solvents and dry air under freezing. *Japanese Journal of Breeding*, 33(3): 269-274.

Yabuya T. 1984. Chromosome association and fertility in hybrids of *Iris laevigata* Fisch. × *I. ensata* Thunb. *Euphytica,* 33(2): 369-376.

Yabuya T. 1987. High-performance liquid chromatographic analysis of anthocyanins in induced amphidiploids of *Iris laevigata* Fisch. × *I. ensata* Thunb. *Euphytica*, 36(2): 381-387.

Yabuya T. 1991. Chromosome associations and crossability with *Iris ensata* Thunb. in induced amphidiploids of *I. laevigata* Fisch. × *I. ensata*. *Euphytica*, 55(1): 85-90.

Yabuya T, Ikeda Y, Adachi T. 1991. In vitro propagation of Japanese garden Iris, *Iris ensata* Thunb. *Euphytica*, 57(1): 77-81.

Yabuya T, Noda T. 1998. The characterization of autoallotetraploid hybrids between *Iris ensata* Thunb. and *I. laevigata* Fisch. *Euphytica*, 103(3): 325-328.

Yabuya T, Nakamura M, Iwashina T, et al. 1997. Anthocyanin-flavone copigmentation in bluish purple flowers of Japanese garden iris (*Iris ensata* Thunb.). *Euphytica*, 98(3): 163-167.

Yabuya T, Saito M, Yamaguchi M. 2000. Stability of flower colors due to anthocyanin-flavone copigmentation in Japanese garden iris, *Iris ensata* Thunb. *Euphytica*, 115:1–5.

Yabuya T, Yamaguchi M, Fukui Y, et al. 2001. Characterization of anthocyanin p-coumaroyltransferase in flowers of *Iris ensata*. *Plant Science*, 160(3): 499-503.

Yabuya T. 1991. Chromosome associations and crossability with Iris ensata Thunb. in induced amphidiploids of *I. laevigata* Fisch. ×*I. ensata*. Euphytica. 55: 85-90.

Yabuya T, Yamaguchib M, Imayamaa T, Ikuolnod K. 2002. Anthocyanin 5-O-glucosyltransferase in flowers of *Iris ensata*. Plant Science. 162(5), 779-784.

Young A, Boyle T, Brown T, 1996. The population genetic consequences of habitat fragmentation for plants. *Trends in Ecology and Evolution*, 11: 413-418.

Zane L, Bargelloni L, Patarnello T. 2002. Strategies for microsatellite isolation: a review. *Molecular Ecology*, 11: 1-16.

Zhai SN, Comes HP, Nakamura K, et al. 2012. Late Pleistocene lineage divergence among populations of *Neolitsea sericea* (Lauraceae) across a deep sea-barrier in the Ryukyu Islands. *Journal of Biogeography*, 39: 1347-1360.